掌控Python

人工智能之机器视觉

程 晨 编著

科学出版社
北 京

内 容 简 介

本书以开源的计算机视觉库OpenCV为基础，面向Python初学者讲解以视觉识别为代表的人工智能入门知识，以及包括图像处理、数据分析、神经网络在内的人工智能应用的基本实现方法。

全书共8章，主要内容包括机器视觉、显示图片与视频、图像处理、图像特征检测、人脸检测、人工智能与机器学习、手写文字的图像识别、人脸识别与手势识别等。附录总结了OpenCV模块中的函数及方法。

本书适合作为Python初学者的入门参考书，还可用作青少年编程、中小学生人工智能教育的教材。

图书在版编目（CIP）数据

掌控Python.人工智能之机器视觉/程晨编著.—北京：科学出版社，2021.3

ISBN 978-7-03-068136-2

Ⅰ.掌… Ⅱ.程… Ⅲ.软件工具–程序设计 Ⅳ.TP311.561

中国版本图书馆CIP数据核字（2021）第032310号

责任编辑：孙力维 杨 凯/责任制作：魏 谨

责任印制：师艳茹/封面设计：张 凌

北京东方科龙图文有限公司 制作

http：//www.okbook.com.cn

科 学 出 版 社 出版

北京东黄城根北街16号

邮政编码：100717

http：//www.sciencep.com

三河市春园印刷有限公司 印刷

科学出版社发行各地新华书店经销

*

2021年3月第 一 版　　开本：787×1092 1/16

2021年3月第一次印刷　　印张：10

字数：200 000

定价：58.00元

前言

国务院印发的《新一代人工智能发展规划》明确指出，人工智能已成为国际竞争的新焦点，我国应逐步开展全民智能教育项目，在中小学阶段设置人工智能相关课程，逐步推广编程教育，建设人工智能学科，培养复合型人才，形成我国人工智能人才高地。人工智能是引领未来的战略性技术，世界主要发达国家把发展人工智能作为提升国家竞争力、维护国家安全的重大战略。而事实上，Python已成为人工智能及编程教育的重要抓手。

Python是一种解释型、面向对象的、动态数据类型高级程序设计语言。它具有丰富而强大的库，能够很轻松地把用户基于其他语言（尤其是C/C++）制作的各种模块联结在一起。在IEEE发布的编程语言排行榜上，Python多年名列第一。Python可以在多种主流平台上运行，很多领域都采用Python进行编程。目前，几乎所有大中型互联网企业都在使用Python。

主流的人工智能的深度学习框架，如TensorFlow、Theano、Keras等也都是基于Python开发的。而在机器视觉领域，通过Python学习OpenCV框架，也有助于快速理解机器视觉的基本概念以及重要算法。

读者对象

本书面向具有一定Python基础且想要利用OpenCV学习机器视觉的读者，不要求读者具有机器视觉或OpenCV的经验，但要有一定的Python基础。

没有Python基础的读者，可以阅读同系列的《掌控Python 初学者指南》。

主要内容

第1章，介绍一些机器视觉的基本概念以及OpenCV的安装。

第2章，介绍图像与视频的基本处理。

第3章，介绍图像在计算机“眼”中的样子。

第4章，介绍图像特征检测，包括边缘检测与轮廓检测。

第5章，讲解人脸检测的基本原理和方法。

第6～8章，基于图像识别的机器学习介绍一些人工智能的基础知识，包括监督式学习与非监督式学习、手写数字识别与人脸识别等。

感谢您阅读本书，如发现疏漏与错误，还恳请批评指正。您的宝贵意见正是笔者进步的驱动力。

目录

第1章　机器视觉

随着人工智能的发展，我们会发现身边利用摄像头的电子设备越来越多。例如，乘坐地铁或公交车时，只要扫描手机二维码即可乘车；在火车站入口安检处，通过人脸识别就可以确认个人的身份；照相时，相机能自动对焦。这些都属于机器视觉应用。

1.1　什么是机器视觉?

机器视觉是人工智能（AI）领域正在快速发展的一个分支。简单来说，机器视觉就是用机器代替人眼实现对目标的识别、分类、跟踪和场景判断。机器视觉系统通过机器视觉产品（图像摄取装置）将被摄取目标转换成图像信号，传送给专用的图像处理系统，得到被摄目标的形态信息，再根据像素分布和亮度、颜色等信息转化成数字信号；图像处理系统对这些信号进行各种运算以提取目标的特征，进而根据判别结果来控制现场的设备动作。

1.2　机器视觉应用领域

在国外，机器视觉的应用主要体现在半导体及电子行业，其中40%～50%集中在半导体行业，如PCB制造、表面贴装、电子封装/组装等。此外，机器视觉在质量检测方面也得到了广泛应用，且占据举足轻重的地位。

而国内机器视觉的应用始于20世纪90年代，随着技术的发展，机器视觉除了应用在半导体及电子行业，还应用于其他多个领域，例如：

· 自动光学检查

· 人脸识别

· 无人驾驶

· 产品质量等级分类

· 印刷质量自动化检测

· 文字识别

· 纹理识别

· 追踪定位

对于制造业，用机器视觉技术取代人工操作，可以大大提高生产效率和产品质量。

1.3 OpenCV

在机器视觉领域，OpenCV[①]是应用最广的软件库之一。OpenCV是一个免费的计算机视觉模块，可以处理图像和视频，包括显示摄像头的输入信号、通过计算机识别现实物体。OpenCV是一个跨平台的软件库，可以运行在Linux、Windows、Android和Mac OS操作系统上。

OpenCV是用C++语言编写的，其主要接口也是C++语言的，但是依然保留了大量的C语言接口。同时，这个库还有大量Python、Java、MATLAB、C#、Ruby、GO的接口，实现了图像处理和机器视觉方面的很多通用算法。本书将基于Python介绍OpenCV 3.0的应用开发。初学者通过Python学习OpenCV框架，有利于快速了解机器视觉的基本概念和重要算法。

OpenCV属于第三方模块，使用之前要先安装。笔者将介绍两种OpenCV的安装方式，一种方式是先安装Python IDLE，然后通过pip工具安装OpenCV；另一种方式是通过其他编程平台安装OpenCV，如安装mPython之后通过视窗界面的选择来安装。

说　明

mPython是盛思科教推出的一款面向信息技术教育的软硬件结合Python教育编程软件。

① Open Source Computer Vision，开源计算机视觉。

1.3.1 通过pip工具安装OpenCV

pip是Python包管理工具，提供查找、下载、安装、卸载Python模块的功能。Python 3.4以上版本都自带pip工具。在Windows系统使用pip工具安装第三方模块的方法是，打开cmd命令行工具，然后在其中输入“pip install”并加上对应的模块名称。安装OpenCV时输入以下命令：

```
pip install opencv-python
```

OpenCV安装界面如图1.1所示。

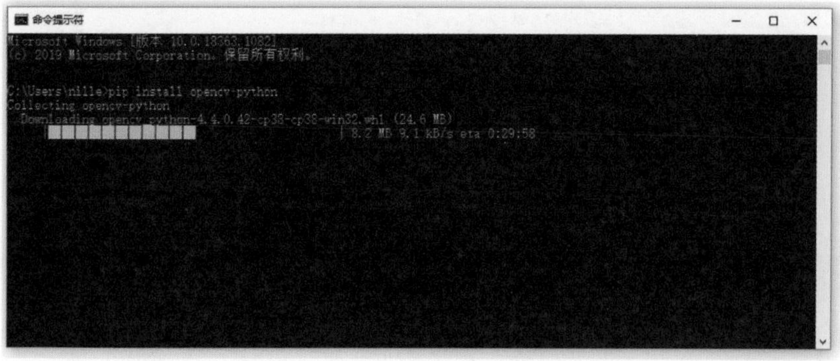

图1.1 安装OpenCV时的界面

界面中有一个进度条，等待进度条完成即可。要测试安装正确与否，可以打开Python的IDLE，在其中输入“import cv2”并回车。如果没有报错，就说明一切正常。操作如下：

```
>>>import cv2
>>>
```

说 明

（1）安装OpenCV时还会顺带安装用于快速进行数值计算的NumPy模块。它是基于Python的OpenCV所依赖的模块，提供了很多数值计算函数。在机器学习方面，经常会出现数组和矩阵的计算，NumPy的数组类（numpy·array）提供了很多高效的矩阵计算函数。

（2）OpenCV 3.0在Python中模块名称是“cv2”，而不是“cv3”，这是因为“cv2”中的“2”并不表示OpenCV的版本号。“cv”和“cv2”分别对应模块底层为C API和C++ API。这是一个历史遗留问题，旨在保持向后兼容性。

1.3.2　通过mPython安装OpenCV

在mPython界面中，先将编程界面切换为Python 3.6，如图1.2所示。

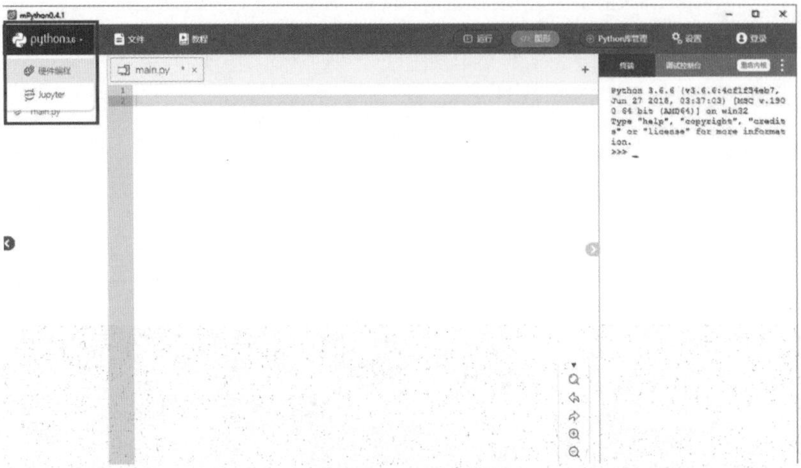

图1.2　编程界面切换为Python 3.6

Python 3.6界面很简单，左边是文件管理，中间是代码区，右边是终端及调试控制台。注意，Python 3.6编程界面中还有图形化编程形式，图形化的指令积木能转换为Python代码，但Python代码无法转换为指令积木。

在Python 3.6编程界面中，如果要安装第三方库，可以点击界面上方右侧的“Python库管理”按钮。此时会弹出一个Python库的列表，如图1.3所示。

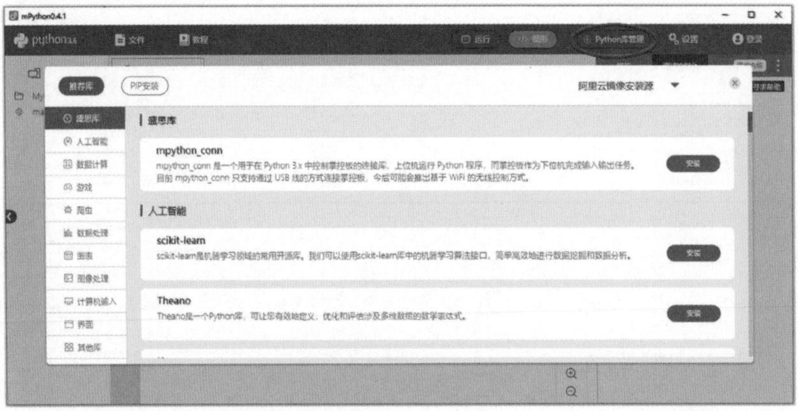

图1.3　点击“Python库管理”按钮之后弹出一个对话框

这个列表给出了常用的第三方库，按照库所实现的功能分为人工智能、数据计算、数据处理、游戏、爬虫等。我们可以通过左侧的分类列表来选择对应的第三方库。

选中分类之后，右侧区域就会出现对应库的名称与介绍。想要安装一个具体的库，点击对应的“安装”按钮即可。

在安装之前，还可以选择库文件所存放的镜像位置，如图1.4所示。

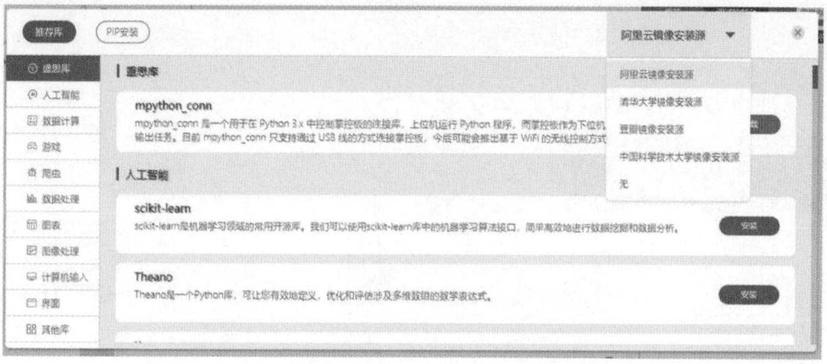

图1.4　选择库文件所存放的镜像位置

这里，我们要安装的OpenCV模块在“图像处理”分类中。找到opencv-python，然后点击后面的“安装”按钮。安装完成之后如图1.5所示。

图1.5　安装OpenCV模块

已经安装的库，其后面的按钮会变成红色的“卸载”。要测试安装正确与否，可以类似地在mPython的“终端”（相当于Python IDLE中的shell）输入“import cv2”，如果回车之后没有报错，那就说明一切正常。

说　明

安装OpenCV模块之后，还需要安装NumPy模块。安装方式与安装OpenCV模块类似，对应的NumPy模块在“数据计算”分类中。

第2章　显示图片与视频

安装OpenCV之后，下一步就是在电脑端显示图像、视频，以及摄像头的视频流。

2.1　获取图像

获取图像文件，要使用OpenCV的imread()函数。尝试在IDLE或mPython的终端输入以下内容：

```
>>>import cv2
>>>cv2.imread("C:/shankai.jpg")
```

imread()函数中的参数就是图像文件的目录和图像的文件名。注意，将对应的图像文件shankai.jpg（这里要替换为你自己的图像文件名，shankai.jpg是笔者的开源小车“闪开”的照片）保存在C盘的根目录下。如果没有找到图像文件，则下一行会直接显示提示符>>>；如果获取了图像文件，则会显示以下类似内容：

```
array([[[119,105,77],
        [121,107,78],
        [120,105,72],
        ...,
        [83,88,67],
        [82,89,68],
        [85,92,71]],

       [[124,110,82],
        [116,102,73],
        [127,112,80],
        ...,
        [82,89,68],
        [81,88,67],
        [83,90,69]],

       [[129,117,89],
        [124,110,81],
```

```
        [118,103,71],
        ...,
        [83,90,69],
        [83,92,71],
        [84,93,72]],

        ...,

       [[120,128,145],
        [120,133,149],
        [116,131,147],
        ...,
        [118,126,143],
        [122,129,149],
        [130,140,158]],

       [[128,139,153],
        [129,140,154],
        [130,141,155],
        ...,
        [136,143,162],
        [139,149,173],
        [141,151,181]],

       [[127,134,149],
        [124,131,146],
        [120,127,142],
        ...,
        [152,159,178],
        [149,159,183],
        [143,154,184]]],dtype = uint8)
>>>
```

这一串数组就是导入的图像数据，具体含义容后面介绍。

2.2 显示图像

获取图像内容之后，如果想通过Python代码生成一个窗口，并在窗口中显示图像，则需要使用cv2模块的imshow()函数。

imshow()函数原型为

```
cv2.imshow(wname,img)
```

其中，第一个参数wname是图像窗口上显示的标题，第二个参数img是想要显示的图像对象。

这次，在Python IDLE的编辑器中输入以下代码：

```
import cv2
img = cv2.imread("shankai.jpg")
cv2.imshow("My Picture",img)
cv2.waitKey()
cv2.destroyAllWindows()
```

这段代码中定义了一个变量img来保存获取的图像对象，之后除了imread()函数和imshow()函数，还有一个waitKey()函数和destroyAllWindows()函数。其中，destroyAllWindows()函数实现的功能是释放由OpenCV创建的所有窗口，而waitKey()函数实现的功能是等待键盘操作（这个函数在下一节介绍）。

将以上代码保存为.py文件，同时将图像文件“shankai.jpg”保存在相同文件夹下。运行程序，就会看到出现了一个图像的窗口，如图2.1所示。这里显示窗口的标题为“My Picture”。

图2.1　在窗口中显示图像

这段代码同样可以在mPython的编辑区运行，不过也要把Python的代码文件和图像文件放在同一个文件夹下。要打开mPython中Python代码文件所在的文件夹，可以在代码文件上点击右键，在弹出的菜单中选择“打开文件位置”，如图2.2所示。

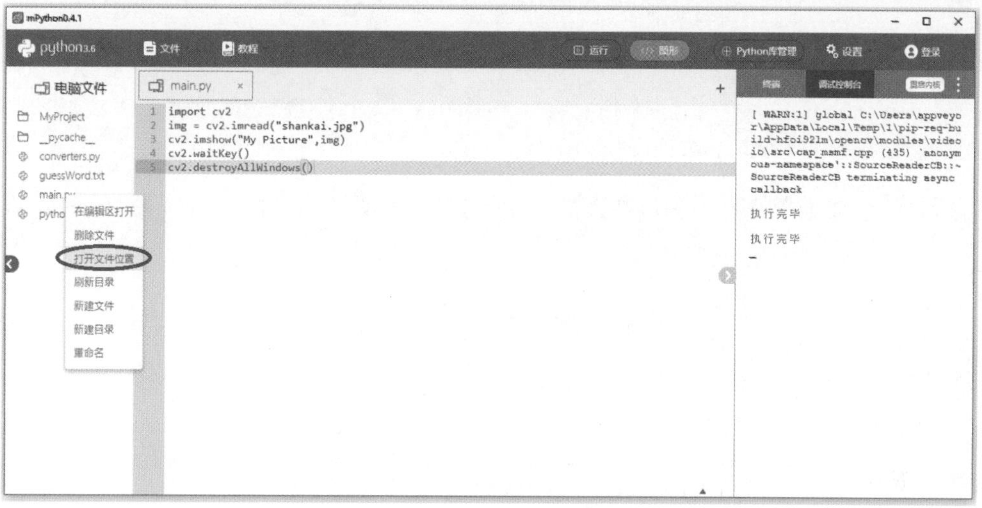

图2.2 打开代码文件所在的文件夹

这样就能打开代码文件所在的文件夹，然后将图像文件“shankai.jpg”保存在该文件夹下。此时，刷新mPython界面左侧的文件管理区就能看到新增的图像文件。接着，运行程序就会看到对应图像的窗口，如图2.3所示。

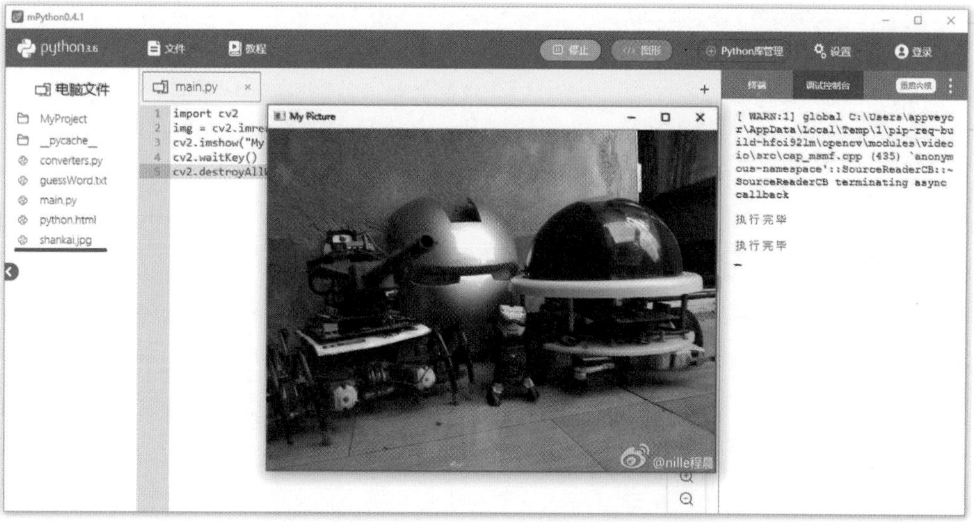

图2.3 使用mPython在窗口中显示图像

2.3 显示视频流

介绍了如何显示图像后，本节介绍如何显示一段视频流。视频流包括计算机上存储的视频文件以及通过摄像头获取的实时视频信息。显示视频流首先要获取视频流信号。获取上述两种视频流的方式类似，都是使用cv2模块的VideoCapture()函数。不同的是，获取计算机上存储的视频文件内容时，函数中的参数就是视频文件的目录以及视频的文件名；而获取摄像头的实时视频信息时，函数中的参数是摄像头的设备编号（一般笔记本的内置摄像头编号是0，外接USB摄像头编号可能是1）。

VideoCapture()函数的返回值是一个视频类的对象，如果希望在窗口中显示视频，就要利用对象的read()方法。视频流可以看作一串图像信息的组合，每个图像就是视频中的一帧，而read()方法所执行的操作可以理解为获取视频流中的一帧。

read()方法的返回值有两个，第一个值表示帧读取是否正常，正常时值为True，否则为False；第二个值就是对应帧的图像。获取图像之后，就可以利用imshow()显示图像了。

尝试在Python IDLE的编辑器中输入以下代码：

```
import cv2


cap = cv2.VideoCapture("video.mp4")
ret,frame = cap.read()
cv2.imshow("cap",frame)
cv2.waitKey()
cv2.destroyAllWindows()
```

这段代码中定义了一个变量cap来保存视频类的对象，之后利用对象cap的read()方法获取视频流中的一帧。将以上代码保存为.py文件。注意，一定要将视频文件保存在相同文件夹下。运行程序时会看到出现了一个窗口，不过这个窗口只显示一张静态的图片（视频流最开始的一帧），并没有播放视频流。这是因为我们只读取并显示了一帧，想要播放视频流，就要不断地利用read()方法获取视频流中的图像信息。这个操作很容易理解，利用while循环即可。尝试在Python IDLE的编辑器中输入以下代码：

```
import cv2

#cap = cv2.VideoCapture(0)
cap = cv2.VideoCapture("video.mp4")
while True:
  ret,frame = cap.read()
  if ret == True:
    cv2.imshow("cap",frame)
    cv2.waitKey(1)
  else:
    break

cv2.destroyAllWindows()
```

这段代码中添加了while循环，以保证持续获取视频中的图像。然后，在显示图像之前判断read()方法返回的第一个值，如果值为True，则表示获取图像正常；如果值为False，则表示视频已经播完，此时利用break语句跳出循环。注意，waitKey()函数中有了一个参数1。waitKey()函数本身表示等待键盘输入，其返回值为键盘字符的ASCII码；参数为等待键盘触发的时间（ms）。这里的1就表示等待1ms再切换到下一帧图像。如果这个参数为0或留空，则表示一直等待，相当于只显示当前帧图像。如果这个参数太大，窗口中播放的视频看起来就会是一顿一顿的。另外，如果在等待时间内没有键盘触发，那么函数的返回值为-1。

目前的程序只有视频播放完了才能退出。下面对程序稍作修改，实现按下任意按键都能退出视频播放。对应的代码如下（红色部分为新增的内容）：

```
import cv2

cap = cv2.VideoCapture("video.mp4")
while True:
  ret,frame = cap.read()
  if ret == True:
    cv2.imshow("cap",frame)
    if cv2.waitKey(1)!= -1:
      break
  else:
    break

cv2.destroyAllWindows()
```

这样就完成了视频文件的播放，运行这段程序就开始播放视频，按下任意按键（英文输入模式）都能退出视频播放。

接下来介绍如何显示通过摄像头获取的实时视频信息。前面讲过，只要将cv2模块VideoCapture()函数的参数由视频文件的目录以及视频的文件名改为摄像头的设备编号，就能够获取摄像头的实时视频信息。因此，这里只需要将上述程序的第一句：

```
cap = cv2.VideoCapture("video.mp4")
```

改为

```
cap = cv2.VideoCapture(0)
```

就能显示摄像头的图像（参数0表示使用的是笔记本的内置摄像头）。

另外，使用摄像头的时候要注意，在结束程序之前要调用视频流对象的release()方法释放摄像头。对应的完整代码如下：

```
import cv2

cap = cv2.VideoCapture(0)
while True:
  ret,frame = cap.read()
  if ret == True:
    cv2.imshow("cap",frame)
    if cv2.waitKey(1) != -1:
      break
  else:
    break

cap.release()
cv2.destroyAllWindows()
```

在显示视频流的过程中，OpenCV的窗口与waitKey()函数是相互依存的：图像显示窗口只有在调用waitKey()函数时才更新，而waitKey()函数只有在图像显示窗口成为活动窗口时才会获取键盘输入。

在上面的程序中，按下任何按键都会终止视频流的显示。如果想设定按下某个按键才终止程序，那么可以先通过print函数来看看对应按键的值是多少。例如，将代码修改为

```
import cv2

cap = cv2.VideoCapture(0)
while True:
  ret,frame = cap.read()
  if ret == True:
    cv2.imshow("cap",frame)
    keyValue = cv2.waitKey(1)
    if keyValue != -1:
      print(keyValue)
      break
  else:
    break

cap.release()
cv2.destroyAllWindows()
```

这样，跳出循环之前就会在IDLE中显示按下按键的值，如按下q键对应显示的数值为113，按下c键对应的数值为99（要保证在窗口激活的状态下按下按键，同时要保证输入为英文模式）。之后，如果希望只有按下q键才终止视频流的显示，那么可以修改if结构的条件，即只有当`waitKey()`函数的返回值为113时才跳出循环。对应的代码如下：

```
import cv2

cap = cv2.VideoCapture(0)
while True:
  ret,frame = cap.read()
  if ret == True:
    cv2.imshow("cap",frame)
    keyValue = cv2.waitKey(1)
    if keyValue == 113:
      break
  else:
    break

cap.release()
cv2.destroyAllWindows()
```

说　明

当需要同步一组摄像头时，read()方法就不适用了，可以用grab()和retrive()方法代替，参考代码如下：

```
import cv2

cap0 = cv2.VideoCapture(0)
cap1 = cv2.VideoCapture(1)

success0 = cap0.grab()
success1 = cap1.grab()

if success0 and success1:
  frame0 = cap0.retrieve()
  Frame1 = cap1.retrieve()
```

第3章 图像处理

通过上一章的内容能够了解到，不论是显示图像还是播放视频流，本质上都是对图像进行操作。在这一章，我们将介绍如何对显示的图像进行一些简单的处理。

3.1 计算机“眼”中的图像

在处理图像之前，我们先看一下计算机“眼”中的图像是什么样的。

其实对电子设备来说，它们“眼”中的图片就是一堆数字信息。大家肯定都用过数码相机或手机中的照相功能，手机或数码相机都是以数字化的形式来存储图片的。当我们把这些图片不断放大的时候就会发现，它们都是由一个个小色块组成的，如图3.1所示。

图3.1 放大电脑中保存的图片

像这样的每个色块被称为一个像素，而每个像素又由表示红、绿、蓝的三个基本颜色值组成。因此，一张图片的像素值越大，图片越清晰，细节越多，同时图片文件也越大。这里，为了更直观地展示图片对应的数字化信息，我们创建一个只有4个像素的图片，4个色块的颜色分别为红、绿、蓝和白，如图3.2所示。

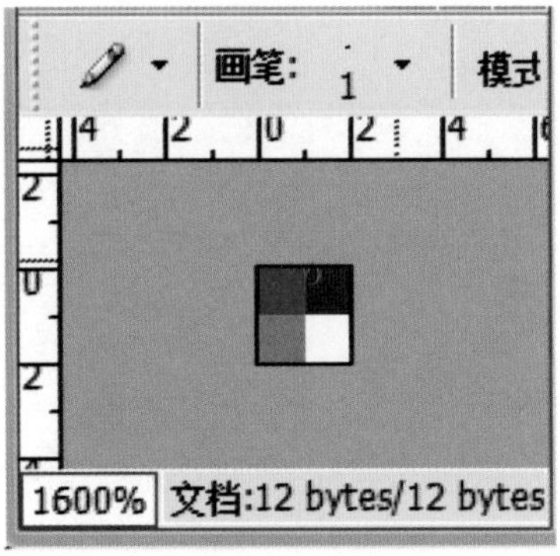

图3.2　只有4个像素的图片

将这个图片命名为4.jpg，并保存在C盘根目录下。之后，在Python IDLE或mPython的终端查看图片信息，程序如下：

```
>>>import numpy
>>>import cv2
>>>img = cv2.imread("C:/4.jpg")
>>>img
array([[[0,0,254],
        [254,0,1]],

       [[0,255,0],
        [255,255,255]]],dtype = uint8)
>>>img.ndim
3
>>>img.shape
(2,2,3)
```

这里用到了NumPy模块，因此要先导入NumPy，接着导入cv2模块，并利用模块的imread()函数读取图片4.jpg。当我们输入对象名img并按下回车键的时候，就能看到这是一个数组（和2.1节中显示的内容形式是一样的）。之后，img.ndim的结果是对象img的数组维数，img.shape的结果是对象img的形状。通过这些内容我们知道图像4.jpg是一个2 × 2 × 3像素的三维数组，其中前面的“2 × 2”表示图片是一个2 × 2像素的图片，而“3”表示每个像素都包含3个数，这3个数分别表示当前像素点的B（蓝）、G（绿）、R（红）值——对应的[0,0,254]、[254,0,1]、[0,255,0]、[255,255,255]分别表示红色、蓝色、绿色和白色（按照从左到右、从上到下的顺序保存图片）。

> **说　明**
>
> 由于图像数据是按照色块从左到右、从上到下的顺序排列的，因此img.shape的结果中第一个数据为图像的高（先表示有多少排数组），第二个数据为图像的宽（在一排的数据中有多少个像素点）。使用这两个数据的时候一定要注意。

3.2 NumPy模块

NumPy模块之后用得比较多，我们先来熟悉一下它。

用NumPy模块创建数组需要用到array函数。函数接收Python的列表作为参数，生成一个NumPy数组，操作如下：

```
>>>import numpy
>>>x = numpy.array([1,3,6,2])
>>>print(x)
[1 3 6 2]
>>>x = numpy.array([[128,64],[255,32]])
>>>print(x)
[[128  64]
 [255  32]]
>>>x.shape
(2,2)
>>>
```

在上述程序中，我们创建了一个一维数组和一个二维数组。

数组和数组之间也可以使用加减乘除运算符，不过要注意，进行加减乘除运算时两个数组的结构要一致。如果元素数不同，程序就会报错：

```
>>>y = numpy.array([[2,4],[8,1]])
>>>x+y
array([[130,68],
       [263,33]])
```

```
>>>x-y
array([[126,60],
       [247,31]])
>>>x*y
array([[ 256,256],
       [2040,32]])
>>>x/y
array([[64.  ,16.  ],
       [31.875,32. ]])
>>>
```

使用NumPy数组会让矢量和矩阵计算变得非常容易。例如，将NumPy数组乘以3，使每个元素扩大3倍。要进行转置，可以通过引用数组的T属性来完成，示例操作如下：

```
>>>y = y*3
>>>print(y)
[[ 6 12]
 [24  3]]
>>>print(y.T)
[[ 6 24]
 [12  3]]
>>>
```

> **说　明**
>
> 单一数值与数组不一样，单一数值称为标量。

要计算向量的内积和矩阵的乘积，可以使用dot函数。向量的内积是对应位元素的乘积之和。而在矩阵乘法中，则要将水平行和垂直列顺序相同的元素乘积相加，示例操作如下：

```
>>>import numpy
>>>x = numpy.array([1,2,3])
>>>y = numpy.array([3,4,5])
>>>print(numpy.dot(x,y))
26
>>>x = numpy.array([[1,2],[3,4]])
>>>y = numpy.array([[5,6],[7,8]])
>>>print(numpy.dot(x,y))
```

```
[[19 22]
 [43 50]]
>>>
```

dot函数中的第一个参数是从左边参与运算的向量或矩阵，第二个参数是从右边参与运算的向量或矩阵。这里，前面两个向量内积的值为$1\times3+2\times4+3\times5$，即“26”。而两个矩阵的乘积为[$1\times5+2\times7$，$1\times6+2\times8$]、[$3\times5+4\times7$，$3\times6+4\times8$]。

使用mean函数可以计算数组的平均值，使用std函数可以计算标准偏差，示例操作如下：

```
>>>import numpy
>>>r = numpy.random.randint(0,10,10)
>>>print(r)
[5 0 4 3 6 9 7 5 2 6]
>>>print(numpy.mean(r))
4.7
>>>print(numpy.std(r))
2.4515301344262523
>>>
```

这里，利用NumPy模块中的random.randint函数创建一个0~9的随机数组。第一个参数是下限，第二个参数是上限（不包括此数字），第三个参数是元素个数。

数组的创建除了可以使用array函数，还可以采用以下方式。

（1）numpy.empty()函数。使用该函数能够创建一个指定大小（shape）和数据类型（dtype）但未初始化的数组。该函数需要两个参数，第一个参数为数组的大小；第二个参数是可选的，表示数据类型，默认为浮点型。

（2）numpy.zeros()函数。使用该函数能够创建一个指定大小的数组，数组以0来填充。该函数也需要两个参数，第一个参数为数组的大小；第二个参数是可选的，表示数据类型，默认为浮点型。

（3）numpy.ones()函数。该函数与numpy.zeros()函数类似，不同的是数组以1来填充。

3.3 图像色彩变化

通过3.1节的内容，我们知道图像就是一个个色块，因此改变图像色彩最直接的方法就是直接修改色块的值。为了能直观地看到修改的结果，可以在IDLE中尝试以下操作：

```
>>>import cv2
>>>import numpy
>>>img = cv2.imread("C:/4.jpg")
>>>img
array([[[0,0,254],
        [254,0,1]],

       [[0,255,0],
        [255,255,255]]],dtype = uint8)
>>>img[0,0] = [255,0,255]
>>>img
array([[[255,0,255],
        [254,0,1]],

       [[0,255,0],
        [255,255,255]]],dtype = uint8)
>>>
```

上述操作中我们修改了第一个像素img[0,0]的值，方括号中的第一个值表示的是第几行（从0开始算），第二个值表示的是第几列（也是从0开始算）。[0,0]就表示第一行的最左侧。这里，将这个色块的颜色由[0,0,254]改成[255,0,255]，通过显示img的内容能够看出来这个值已经修改了。

修改单个色块值的操作其实并没有太大用途，因为改变一幅图中的单个色块根本看不出变化。上述操作只是为了说明可以直接修改对应位置的颜色值，下面尝试修改“shankai.jpg”这张大图。这次采用通道操作的方式，即将指定颜色通道（B、G或R）的值设为同一个值。

对上一章2.2节中的代码做如下修改：

```
import numpy
import cv2
```

```
img = cv2.imread("shankai.jpg")
print(img.shape)
print(img.ndim)

img[:,:,1] = 0

cv2.imshow("My Picture",img)

cv2.waitKey()
cv2.destroyAllWindows()
```

运行程序时显示的图片如图3.3所示。

图3.3 经过通道操作的图片

这张图片中所有色块的绿色值都设成了0，而关键代码就是：

```
img[:,:,1] = 0
```

方括号中有用逗号分隔的三个字符，前两个冒号是坐标，表示操作的是整张图片所有的色块；第三个字符表示具体的颜色通道，0表示B（蓝色）、1表示G（绿色）、2表示R（红色）。代码中为1就表示将所有色块的绿色通道都设置为0（即没有绿色）。如果我们希望整张图片没有蓝色，则可以将代码改为

```
import numpy
import cv2

img = cv2.imread("shankai.jpg")
```

```
print(img.shape)
print(img.ndim)

img[:,:,0] = 0

cv2.imshow("My Picture",img)
cv2.waitKey()
cv2.destroyAllWindows()
```

运行程序时显示的图片如图3.4所示。

图3.4　将图像的所有蓝色通道都去掉

当然，也可以设置某个通道的颜色为最大值255，读者可以自己尝试修改。

说　明

（1）通道操作也可以通过循环来处理，不过效率非常低，应尽量避免这样的操作。

（2）在上述代码中，我们还通过print(img.shape)和print(img.ndim)输出显示了图像数据的形状和维数，对应的输出为

```
(445,600,3)
3
```

这表示图像数据是一个445×600×3的三维数组，其中“445×600”表示图片是一个宽600、高445的图像，“3”表示每个像素包含三个数。

通过这种方式还可以只修改某个区域的颜色通道，如只去掉左上角100×100区域的绿色值，对应的代码如下：

```
import numpy
import cv2

img = cv2.imread("shankai.jpg")
img[0:100,0:100,1] = 0

cv2.imshow("My Picture",img)

cv2.waitKey()
cv2.destroyAllWindows()
```

运行程序时显示的图片如图3.5所示。

图3.5　只修改某个区域的颜色通道

另外，使用imread()函数时也可以通过参数对图像文件进行修改，参数的可选项见表3.1。

表3.1　imread()函数的参数可选项

imread()函数参数的可选项	说　明
cv2.IMREAD_UNCHANGED	按原样加载图像
cv2.IMREAD_GRAYSCALE	将图像转换为单通道灰度图像
cv2.IMREAD_COLOR	将图像转换为三通道BGR彩色图像

续表3.1

imread()函数参数的可选项	说　明
cv2.IMREAD_ANYDEPTH	图像具有相应深度时返回16位/32位图像，否则将其转换为8位
cv2.IMREAD_ANYCOLOR	以任何可能的颜色格式读取图像
cv2.IMREAD_LOAD_GDAL	使用gdal驱动程序加载图像
cv2.IMREAD_REDUCED_GRAYSCALE_2	将图像转换为单通道灰度图像，图像尺寸减小1/2
cv2.IMREAD_REDUCED_COLOR_2	将图像转换为三通道BGR彩色图像，图像尺寸减小1/2
cv2.IMREAD_REDUCED_GRAYSCALE_4	将图像转换为单通道灰度图像，图像尺寸减小1/4
cv2.IMREAD_REDUCED_COLOR_4	将图像转换为三通道BGR彩色图像，图像尺寸减小1/4
cv2.IMREAD_REDUCED_GRAYSCALE_8	将图像转换为单通道灰度图像，图像尺寸减小1/8
cv2.IMREAD_REDUCED_COLOR_8	将图像转换为三通道BGR彩色图像，图像尺寸减小1/8
cv2.IMREAD_IGNORE_ORIENTATION	不要根据EXIF的方向标志旋转图像

函数默认读取图像的参数为cv2.IMREAD_COLOR，想把原图作为灰度图片加载时，对应的代码如下：

```
import numpy
import cv2

img = cv2.imread("shankai.jpg",cv2.IMREAD_GRAYSCALE)
print(img.shape)
print(img.ndim)

cv2.imshow("My Picture",img)
cv2.waitKey()
cv2.destroyAllWindows()
```

运行程序时显示的图片如图3.6所示。

图3.6 把原图作为灰度图片加载并显示

说 明

（1）注意，这里也通过print(img.shape)和print(img.ndim)输出显示了图像数据的形状和维数，对应的输出为

```
(445,600)
2
```

这个输出表示作为灰度图片加载时图像数据变成了一个445×600的二维数组。其中“445×600”就是图像的大小，而数组中的值不再是三个数表示的颜色值，而是一个数表示的灰度值。

（2）如果设定一个阈值对灰度图像做进一步处理，就能得到一张单通道的二值图像，即数组中的值要么是0要么是255，大于阈值的是255，小于阈值的是0。

为了更高效地执行这个操作，可以使用OpenCV提供的threshold()函数。threshold就是阈值的意思，这个函数需要4个参数：第1个参数是要处理的数组或灰度图像（图像也是数组）；第2个参数是用于分类的阈值；第3个参数是最大灰度值；第4个参数用于选择不同的阈值比较处理方法，包括：

- cv2.THRESH_BINARY，即二值化，将大于阈值的灰度值设为最大灰度值，小于阈值的灰度值设为0

· cv2.THRESH_BINARY_INV，将大于阈值的灰度值设为0，其他值设为最大灰度值

· cv2.THRESH_TRUNC，将大于阈值的灰度值设为阈值，小于阈值的灰度值保持不变

· cv2.THRESH_TOZERO，将小于阈值的灰度值设为0，大于阈值的灰度值保持不变

· cv2.THRESH_TOZERO_INV，将大于阈值的灰度值设为0，小于阈值的灰度值保持不变

threshold()函数的返回值有两个，第一个是输入的阈值，第二个是处理后的图像。

以上修改只是改变了Python中的数据，并没有修改原图。如果想保存图片，可以使用imwrite()函数。imwrite()函数有两个参数，第一个是保存图像的文件名，第二个是要保存的图像对象。

如果想将上面的灰度图保存为“shankai-1.jpg”，则对应的代码为

```
import numpy
import cv2

img = cv2.imread("shankai.jpg",cv2.IMREAD_GRAYSCALE)
cv2.imshow("My Picture",img)

cv2.imwrite("shankai-1.jpg",img)
cv2.waitKey()
cv2.destroyAllWindows()
```

3.4 图像的几何变化

如果将图像看成一个巨大的多维数组，那么图像的几何变化就可以理解为不改变图像的像素值，只是在图像平面上对像素块进行重新安排。

适当的几何变换可以最大程度消除成像角度、透视关系乃至镜头自身原因造成的几何失真，降低产生的负面影响，有利于我们在后续的处理和识别工作

中将注意力集中于图像内容本身。几何变换常常作为图像处理应用的预处理步骤，是图像归一化的核心工作之一。

图形几何变换需要两部分运算：首先是空间变换所需的运算，如平移、缩放、旋转和正平行投影等，表示输出图像与输入图像之间的（像素）映射关系；其次是灰度差值算法，因为按照这种变换关系进行计算，输出图像的像素可能被映射到输入图像的非整数坐标上。

3.4.1 图像的翻转

图像的翻转比较简单，也比较好理解，就是将图像上的色块按照对称的位置互换。这个过程用嵌套的循环就能完成，不过通过循环处理的效率非常低。cv2模块提供了一个图像翻转函数flip()，它有两个参数，第一个是要变换的图像，第二个是图像翻转的模式。第二个参数为0表示垂直翻转（沿x轴翻转），为1表示水平翻转（沿y轴翻转），为-1表示水平垂直都翻转（先沿x轴翻转，再沿y轴翻转，等价于旋转180°）。

将图片水平翻转对应的代码如下：

```
import cv2
import numpy

img = cv2.imread("shankai.jpg")
res = cv2.flip(img,1)

cv2.imshow("origin",img)
cv2.imshow('New',res)

cv2.waitKey()
cv2.destroyAllWindows()
```

运行程序时显示的两张图片如图3.7所示。

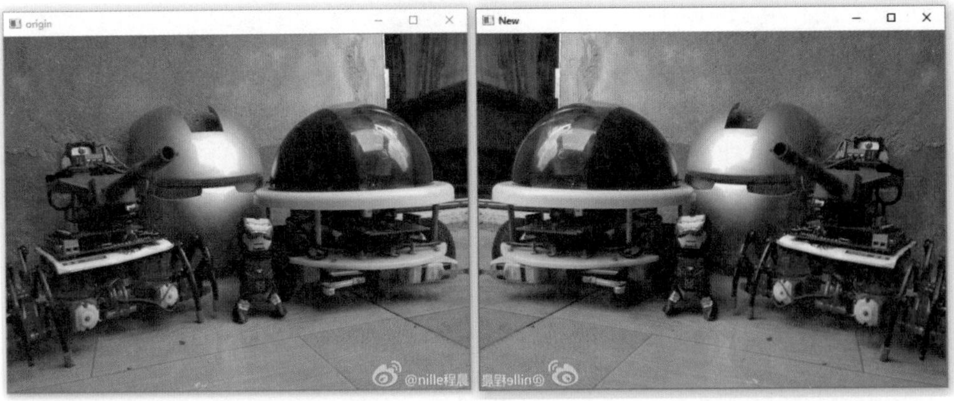

图3.7　水平翻转图像

3.4.2　图像的仿射变换

图像翻转是一个非常简单的变换。实际图像处理并非只是翻转，通常都会包含图像四边形的拉伸操作。想进一步变换图像，先要了解一个概念——仿射变换。

仿射变换可以简单理解为图像的线性变换（将矩形图像变为任意平行四边形）加上平移。进行仿射变换可以使用warpAffine()函数。这个函数需要三个参数，第一个参数为要变换的图像，第二个参数为仿射变换的***M***矩阵，第三个参数为输出图像的大小（注意这个大小只是显示区域的大小，如果变换后的图片比显示区域大，则会截取图像）。

仿射变换的***M***矩阵可能稍麻烦一点，因此OpenCV提供了根据变换前后三个点的对应关系来自动求解***M***的函数——getAffineTransoform()。这个函数需要两个参数，即输入图像的三个点坐标以及输出图像的三个点坐标（三个点分别对应图像的左上角、右上角、左下角）。尝试输入以下代码，对图像进行仿射变换：

```
import cv2
import numpy


img = cv2.imread("shankai.jpg")
print(img.shape)                                                    #1
rows,cols = img.shape[:2]
```

```
p1 = numpy.float32([[0,0],[cols-1,0],[0,rows-1]])                          #2
p2 = numpy.float32([[0,rows*0.3],[cols*0.8,rows*0.5],
[cols*0.2,rows*0.7]])

M = cv2.getAffineTransform(p1,p2)                                          #3
res = cv2.warpAffine(img,M,(cols,rows))                                    #4


cv2.imshow("origin",img)
cv2.imshow('New',res)
cv2.waitKey()
cv2.destroyAllWindows()
```

这段代码先（位置#1处）获取图片的大小，并将图片大小的值赋给变量rows和cols。通过运行程序之后的输出可知，图片大小为600×445。接着（位置#2处）定义两个包含三个坐标点信息的数组，其中第一个数组p1是原图像的左上角、右上角以及左下角的坐标点，分别为(0,0)、(599,0)以及(0,444)。注意，图像的像素点也是从0开始计算的。第二个数组p2是变换后图像的左上角、右上角以及左下角的坐标点，这里分别设置为(0,rows*0.3)、(cols*0.8,rows*0.5)以及(cols*0.2,rows*0.7)。代入变量rows和cols的值，则三个坐标为(0,133)、(479,222)以及(119,310)。然后（位置#3处）通过getAffineTransoform()函数计算仿射变换的***M***矩阵，随后（位置#4处）将仿射变换的***M***矩阵代入函数进行仿射变换，最后显示原图像与变换后的图像。

运行程序时显示的两张图片如图3.8所示。

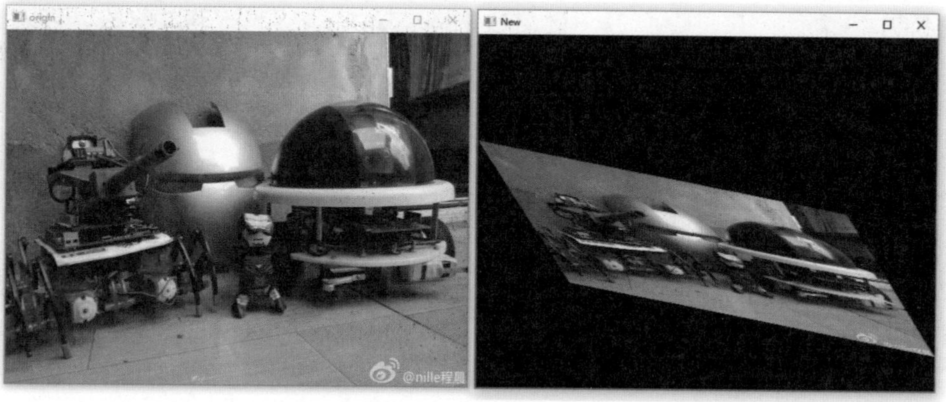

图3.8　仿射变换后的图像

3.4.3　图像的平移

了解图像的仿射变换之后，我们来看一看图像的平移。图像的平移可以看作一种特殊的仿射变换。尝试输入以下代码，对图像进行平移：

```
import cv2
import numpy

img = cv2.imread("shankai.jpg")
print(img.shape)
rows,cols = img.shape[:2]

p1 = numpy.float32([[0,0],[cols-1,0],[0,rows-1]])
p2 = numpy.float32([[25,40],[cols-1+25,40],[25,rows-1+40]])          #1

M = cv2.getAffineTransform(p1,p2)
print(M)                                                              #2
res = cv2.warpAffine(img,M,(cols,rows))

cv2.imshow("origin",img)
cv2.imshow('New',res)
cv2.waitKey()
cv2.destroyAllWindows()
```

上面的这段代码修改了#1的位置。通过p2中第一个坐标能够看出来，我们将图片在x方向平移25，在y方向平移40，对应的后面的两个坐标值也分别增加了25和40。运行程序后显示的两张图片如图3.9所示。

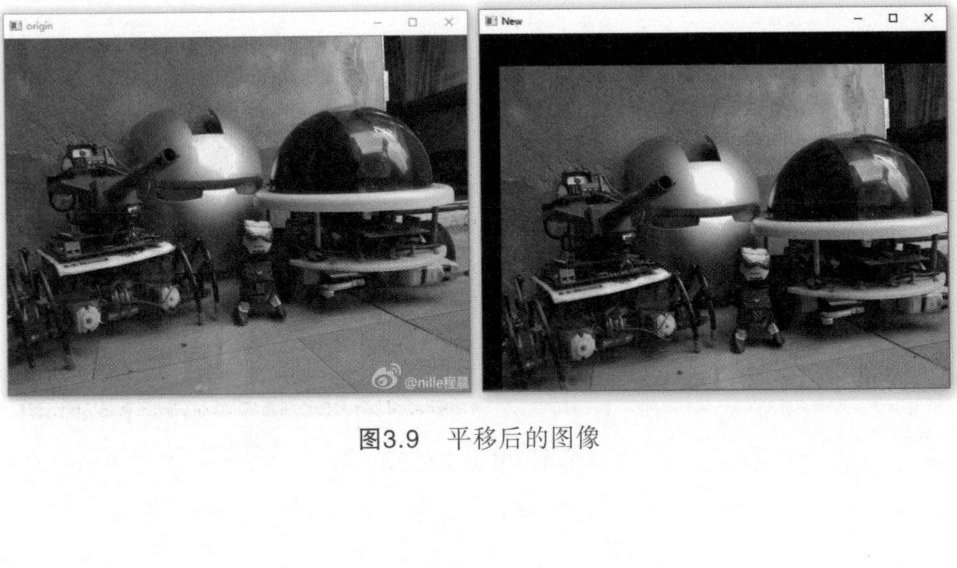

图3.9　平移后的图像

> **说　明**
>
> 图像的平移可以简单理解为将图像在水平方向与垂直方向移动一定的距离。这个过程用嵌套的循环也能完成，就是将某个点的颜色信息复制到另一个点的位置。不过，通过循环进行处理的效率非常低，最好还是使用矩阵运算。

另外，上面的代码中还增加了一行（#2的位置），希望输出显示仿射变换的***M***矩阵。由这个输出能知道平移时对应的变换矩阵为

```
[[ 1.,0.,25.]
 [ 0.,1.,40.]]
```

假设图像中某个像素点的坐标是（x，y），用矩阵形式表示就是

$$\begin{bmatrix} x \\ y \end{bmatrix}$$

前面说过，仿射变换可以简单理解为图像的线性变换（将矩形图像变为任意平行四边形）加上平移。那么，对应的变换矩阵可以看成一个线性变换矩阵：

$$\begin{bmatrix} 1 & 0 \\ 0 & 1 \end{bmatrix}$$

和一个平移矩阵：

$$\begin{bmatrix} 25 \\ 40 \end{bmatrix}$$

经过仿射变换后点的坐标就是

$$\begin{bmatrix} 1 & 0 \\ 0 & 1 \end{bmatrix}\begin{bmatrix} x \\ y \end{bmatrix}+\begin{bmatrix} 25 \\ 40 \end{bmatrix}$$

如果用变换矩阵来表示这个公式，就是

$$\begin{bmatrix} 1 & 0 & 25 \\ 0 & 1 & 40 \end{bmatrix}\begin{bmatrix} x \\ y \\ 1 \end{bmatrix}$$

计算可得经过仿射变换后点的坐标为（x+0+25，0+y+40），即将整个图像平移（25，40）。

现在，再来看看上一节中生成的仿射变换矩阵。在shell中输入以下内容：

```
>>>rows = 445
>>>cols = 600
```

```
>>>p1 = numpy.float32([[0,0],[cols-1,0],[0,rows-1]])
>>>p2 = numpy.float32([[0,rows*0.3],[cols*0.8,rows*0.5],
[cols*0.2,rows*0.7]])
>>>M = cv2.getAffineTransform(p1,p2)
>>>M
array([[0.80133556,0.27027027,0.    ],
       [0.14858097,0.4009009,133.5 ]])
>>>
```

通过这个输出就能够知道，上一节中图像的线性变换矩阵是

$$\begin{bmatrix} 0.80133556 & 0.27027027 \\ 0.14858097 & 0.4009009 \end{bmatrix}$$

而平移矩阵是

$$\begin{bmatrix} 0 \\ 133.5 \end{bmatrix}$$

计算可得经过仿射变换后点的坐标为（$x\times0.80133556+y\times0.27027027+0$，$x\times0.14858097+y\times0.4009009+133.5$）。

如果去掉平移，则***M***就变为

```
[[ 0.80133556  0.27027027  0.]
 [ 0.14858097  0.4009009   0.]]
```

将这个仿射变换矩阵代入`warpAffine()`函数进行仿射变换，最后显示原图像与变换后的图像如图3.10所示。

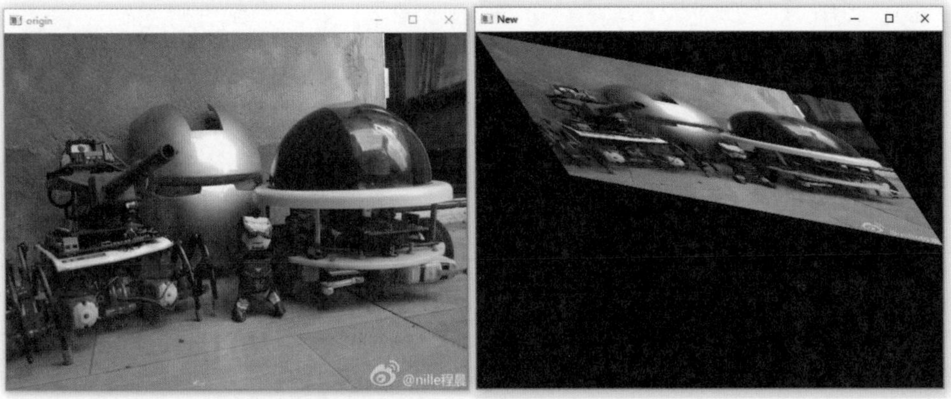

图3.10　只进行了线性变换的图像

可见，变换后的图片与上一节中变换的图像（图3.9）相比就是没有向下平移。对应的代码为

```
import cv2
import numpy

img = cv2.imread("shankai.jpg")
rows,cols = img.shape[:2]

M = numpy.float32([[0.80133556,0.27027027,0],
                   [0.14858097,0.4009009,0]])
res = cv2.warpAffine(img,M,(cols,rows))

cv2.imshow("origin",img)
cv2.imshow('New',res)
cv2.waitKey()
cv2.destroyAllWindows()
```

上面这段代码中直接通过NumPy构建了一个变换矩阵。如果已经确定了变换矩阵，那么用这种方式很快捷，如构建一个平移的变换矩阵：

```
M = numpy.float32([[1,0,xOffset],
                   [0,1,yOffset]])
```

这里，xOffset和yOffset分别是x轴和y轴的平移量。

3.4.4 图像的旋转

图像的旋转也可以看作一种特殊的仿射变换。尝试输入以下代码，对图像进行旋转：

```
import cv2
import numpy

img = cv2.imread("shankai.jpg")
rows,cols = img.shape[:2]

M = cv2.getRotationMatrix2D((cols/2,rows/2),45,1)
res = cv2.warpAffine(img,M,(cols,rows))

cv2.imshow("origin",img)
cv2.imshow('New',res)
cv2.waitKey()
cv2.destroyAllWindows()
```

OpneCV提供了一个根据旋转角度和旋转中心自动求解***M***矩阵的函数——`getRotationMatrix2D()`。这个函数需要三个参数：旋转中心、旋转角度、旋转后图像的缩放比例。在上述代码中，旋转中心为图片的中心，旋转角度为45°，旋转后图像大小不变。

运行程序后显示的两张图片如图3.11所示。

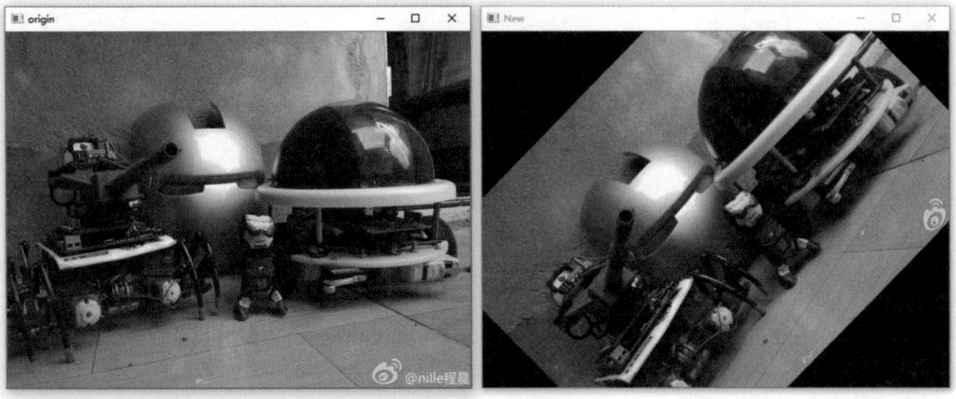

图3.11　图像的旋转

假设图像旋转角度为α，则图像旋转时的线性变换矩阵可以理解为

$$\begin{bmatrix} \cos(\alpha) & -\sin(\alpha) \\ \sin(\alpha) & \cos(\alpha) \end{bmatrix}$$

不过这个矩阵是在原点处进行变换，如果要在任意位置进行旋转变换，还需要添加平移矩阵。平移矩阵可以理解为将旋转中心变换后，依然移回到中心的坐标。对应的平移矩阵为

$$\begin{bmatrix} x_c-(x_c\times\cos(\alpha)-y_c\times\sin(\alpha)) \\ y_c-(x_c\times\sin(\alpha)+y_c\times\cos(\alpha)) \end{bmatrix}$$

3.4.5　图像的缩放

图像的缩放同样也可以理解为一种特殊的仿射变换，不过OpenCV中有一个专门的图像缩放函数——`resize()`。该函数需要两个参数，第一个参数是要改变的图像，第二个参数是图像改变后的大小。

尝试输入以下代码，对图像进行缩放：

```
import cv2
```

```
import numpy

img = cv2.imread("shankai.jpg")

res = cv2.cv2.resize(img, (300,200))

cv2.imshow("origin",img)
cv2.imshow('New',res)

cv2.waitKey()
cv2.destroyAllWindows()
```

运行程序后显示的两张图片如图3.12所示。

图3.12 图像的缩放

说 明

其实resize()函数还有一个表示图像缩放时填充类型的参数interpolation，这个参数有以下几个选项：

- INTER_NEAREST（邻近元素插值法）
- INTER_LINEAR（双线性插值）
- INTER_AREA（使用像素关系重采样。当图像缩小时，该方法可以避免波纹出现）
- INTER_CUBIC（立方插值）

参数默认值为INTER_LINEAR。

在上面的代码中，如果我们在缩小图像时希望采用INTER_AREA的填充类型，则代码可以修改为

```
import cv2
import numpy

img = cv2.imread("shankai.jpg")

res = cv2.cv2.resize(img,(300,200),interpolation = cv2.INTER_AREA)

cv2.imshow("origin",img)
cv2.imshow('New',res)
cv2.waitKey()
cv2.destroyAllWindows()
```

3.4.6　图像的透视变换

之前介绍的仿射变换可以将矩形映射成任意平行四边形，不过变换后的图形各边仍保持平行；而透视变换可以将矩形映射成任意四边形。

进行图像的透视变换可以使用warpPerspective()函数。这个函数与warpAffine()函数类似，也需要三个参数：第一个参数为要变换的图像，第二个参数为透视变换的$\boldsymbol{M}$矩阵，第三个参数为输出图像的大小。

这里，透视变换的$\boldsymbol{M}$矩阵可以通过getPerspectiveTransform()函数来计算。这个函数也需要两个参数，由于透视变换之后图像不再是平行四边形，所以这个函数中每个参数需包含四个顶点的坐标（分别为图像的左上角、右上角、左下角和右下角）。

尝试输入以下代码，对图像进行透视变换：

```
import cv2
import numpy

img = cv2.imread("shankai.jpg")
rows,cols = img.shape[:2]

p1 = numpy.float32([[0,0],[cols-1,0],[0,rows-1],[rows-1,cols-1]])
p2 = numpy.float32([[0,rows*0.3],[cols*0.8,rows*0.5],
                    [cols*0.2,rows*0.7],[cols*0.8,rows*0.8]])
```

```
M = cv2.getPerspectiveTransform(p1,p2)
res = cv2.warpPerspective(img,M,(cols,rows))

cv2.imshow("origin",img)
cv2.imshow('New',res)
cv2.waitKey()
cv2.destroyAllWindows()
```

运行程序后显示的两张图片如图3.13所示。

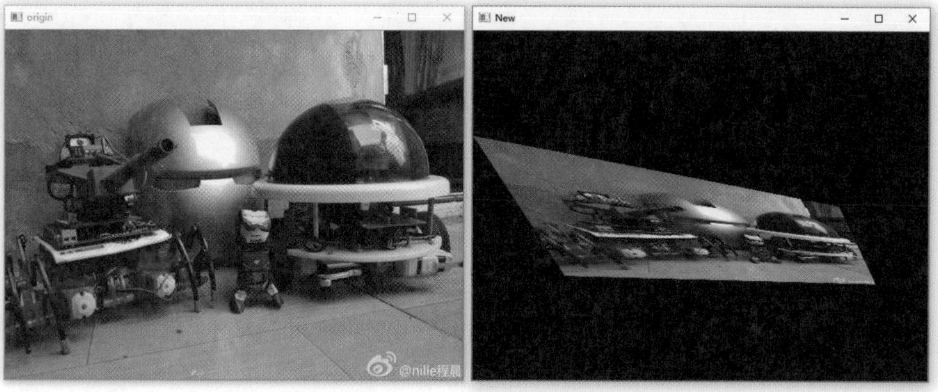

图3.13 图像的透视变换

3.5 图像的颜色识别

在简单的图片修改基础上，本小节介绍另一种方式的图像处理——颜色识别。

3.5.1 色彩空间

目前，计算机视觉有三种常用的色彩空间：灰度、BGR以及HSV（Hue，Saturation，Value）。OpenCV中有很多不同色彩空间的转换方法。

其中，灰度色彩空间通过去除彩色信息来转换为灰阶。灰阶色彩空间对中间处理特别有效，如人脸检测。

转换为灰度的图片，其每个色块只需要用一个0～255的灰度值来表示（0为黑色，255为白色），这样一张图片就可以表示为一个二维数组。图片的显示效果前面已经看到了，下面看一下数据的变化。例如，我们还是操作4.jpg这张图。

```
>>>import cv2
>>>import numpy
>>>img = cv2.imread("C:/4.jpg",cv2.IMREAD_GRAYSCALE)
>>>img
array([[76,29],
       [150,255]],dtype = uint8)
>>>img.ndim
2
>>>img.shape
(2,2)
>>>
```

通过输出可以看到，经过转换的图片由原来$2\times2\times3$的三维数组变成了2×2的二维数组。

BGR色彩空间就像之前描述的每个色块由三个代表蓝、绿、红的值来表示。而HSV色彩空间与BGR色彩空间在形式上差不多，都是用三个数值表示一个颜色。

HSV是A. R. Smith于1978年根据颜色的直观特性创建的一种色彩空间，也称六角锥体模型（Hexcone Model），如图3.14所示。一般RGB颜色模型都是面向硬件的，而HSV颜色模型是面向用户的。

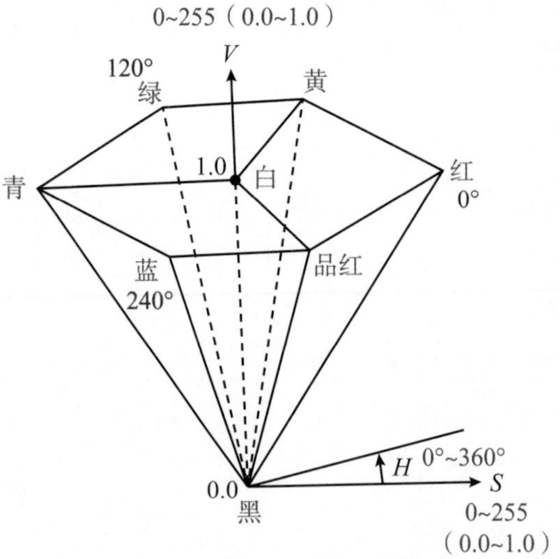

图3.14　HSV色彩空间

在这个六角锥体模型中，边界表示色调，水平轴表示饱和度，亮度沿垂直轴测量。因此，模型中的颜色有三个参数：色调（H）、饱和度（S）和亮度（V）。

（1）色调H，取值范围为0°～360°。角度度量，从红色开始，按逆时针方向计算，红色为0°，黄色为60°，绿色为120°，青色为180°，蓝色为240°，品红为300°。

（2）饱和度S，取值范围为0～255。饱和度S表示颜色接近光谱色的程度。任何一种颜色都可以看成某种光谱色与白色混合的结果。其中，光谱色所占的比例愈大，颜色愈接近光谱色，颜色的饱和度也就愈高。饱和度高，则颜色深而艳。

（3）亮度V，取值范围为0～255。亮度表示颜色的明亮程度，对于光源色，亮度值与发光体的光亮度有关；对于物体色，此值和物体的透射比或反射比有关。

使用HSV色彩空间时，三个参数的范围需要自己慢慢调，官方的颜色区域不是特别准。

要将BGR色彩空间的图像转换为HSV色彩空间的图像，可以使用`cvtColor()`函数。该函数有两个参数，第一个参数是要转换的图像，第二个参数是转换的形式。要将BGR色彩空间转换为HSV色彩空间，则第二个参数值为`cv2.COLOR_BGR2HSV`。将“shankai.jpg”转换为HSV色彩空间的代码如下：

```
import numpy
import cv2


img = cv2.imread("shankai.jpg")
img = cv2.cvtColor(img,cv2.COLOR_BGR2HSV)


cv2.imshow("My Picture",img)
cv2.waitKey()
cv2.destroyAllWindows()
```

运行程序时显示的图片如图3.15所示。

图3.15　将BGR色彩空间的图像转换为HSV色彩空间

说　明

（1）图3.15的显示效果源自显示图片的时候将HSV色彩空间的数据按照BGR色彩空间的格式来显示。

（2）cvtColor()函数能够进行任何色彩空间的转换（超过150种色彩空间的转换），只需修改第二个参数即可。想了解有什么色彩空间的转换，可以输入以下代码：

```
import cv2
import numpy


for i in dir(cv2):
  if i.startswith('COLOR_'):
    print(i)
```

第二个参数常用选项是灰度、BGR以及HSV之间的转换，说明如下：

- cv2.COLOR_BGR2HSV，由BGR色彩空间转换为HSV色彩空间
- cv2.COLOR_BGR2GRAY，由BGR色彩空间转换为灰度色彩空间
- cv2.COLOR_GRAY2BGR，由灰度色彩空间转换为BGR色彩空间
- cv2.COLOR_HSV2BGR，由HSV色彩空间转换为BGR色彩空间

3.5.2 识别颜色

相比BGR色彩空间，在HSV色彩空间中表示一个特定颜色更容易。例如，想识别出“shankai.jpg”中的地面，首先可以通过绘图软件查看对应颜色的BGR值，如图3.16所示。

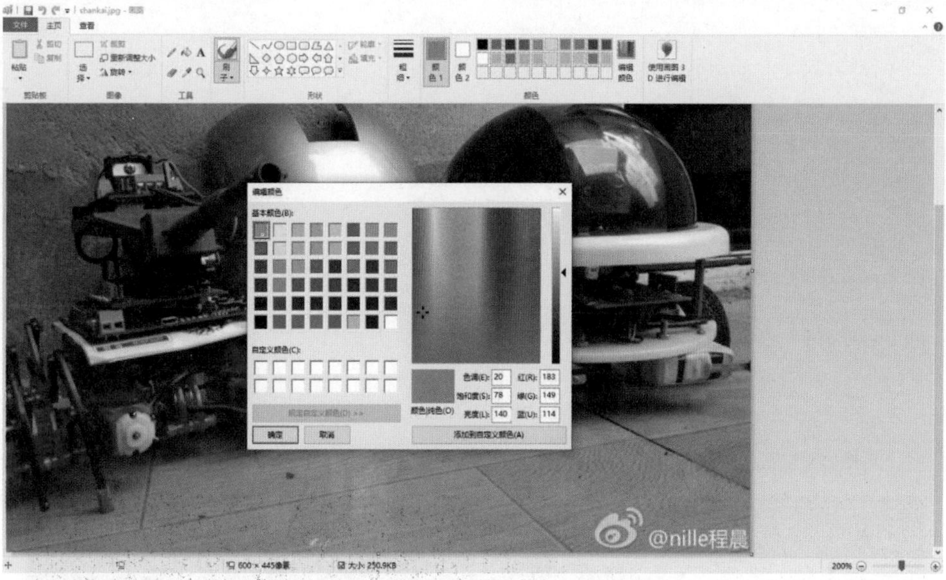

图3.16 查看对应颜色的BGR值

这里，颜色的BGR值分别为114、149、183。然后，在IDLE中将BGR值转换为HSV值，对应操作如下：

```
>>>import cv2
>>>import numpy
>>>color = numpy.uint8([[[114,149,183]]])
>>>cv2.cvtColor(color,cv2.COLOR_BGR2HSV)
array([[[ 15,96,183]]],dtype = uint8)
>>>
```

从程序中能看到对应的HSV值为`[15,96,183]`，可以用`[H-10,50,100]`和`[H+10,255,255]`作为颜色阈值的上下限。基于颜色阈值的上下限，就可以利用`inRange()`函数识别特定的颜色值。`inRange()`函数有三个参数，分别是要识别的图片、颜色阈值的下限和颜色阈值的上限。识别“shankai.jpg”中的地面的代码如下：

```
import cv2
```

```
import numpy

img = cv2.imread("shankai.jpg")
cv2.imshow('img',img)

hsv = cv2.cvtColor(img,cv2.COLOR_BGR2HSV)

lowerColor = numpy.array([5,50,100])
upperColor = numpy.array([25,255,255])
mask = cv2.inRange(hsv,lowerColor,upperColor)
cv2.imshow('mask',mask)
cv2.waitKey()
cv2.destroyAllWindows()
```

运行程序后会显示两张图片，一张原图，一张识别了颜色的图片。两张图片对比如图3.17所示（结果中存在一定的噪声）。

图3.17　识别颜色的图片

注意，通过inRange()函数生成的图像是黑白的（单通道的二值图像），要想显示识别的颜色，可以使用图像的与操作函数bitwise_and()。对应的代码如下：

```
import cv2
import numpy

img = cv2.imread("shankai.jpg")
cv2.imshow('img',img)
```

```
hsv = cv2.cvtColor(img,cv2.COLOR_BGR2HSV)

lowerColor = numpy.array([5,50,100])
upperColor = numpy.array([25,255,255])

mask = cv2.inRange(hsv,lowerColor,upperColor)
mask = cv2.bitwise_and(img,img,mask = mask)
cv2.imshow('mask',mask)

cv2.waitKey()
cv2.destroyAllWindows()
```

图像显示效果如图3.18所示。

图3.18 显示识别的颜色

与操作函数bitwise_and()需要三个参数，前两个参数是进行操作的两个图像。两张图片必须一样大，这里都用图像img。与操作是取两张图片相交的地方，这些地方进行与操作之后还是原图。第三个参数为掩模（mask）图像。这个掩模借鉴了PCB制作过程，有点类似于“不透光的底片”。在半导体制造工艺中都采用光刻技术，即用掩模遮盖硅片上的选定区域，使选定区域的硅片在腐蚀中保留下来。图像掩模与此类似，用选定的图像对处理图像进行遮挡，以控制图像处理的区域或处理过程。

图像掩模主要用于：

（1）截取感兴趣的部分。

（2）屏蔽图像中的某一部分。

（3）特征提取，用相似性变量或图像匹配方法检测和提取图像中与掩模相似的结构特征。

（4）特殊形状图像的制作。

在所有图像运算操作函数中，凡是带有掩模的处理函数，其掩模都参与运算（两个图像运算完之后再与掩模图像或矩阵进行运算）。

这实际上就是给原图加了一个掩模，黑色的部分还是黑色，白色的部分显示原图。

说　明

图像操作除了与操作函数bitwise_and()之外，还有加运算函数add()、减运算函数subtract()、或运算函数bitwise_or()、异或运算函数bitwise_xor()以及非运算函数bitwise_not()。其中，加运算函数是增强颜色、减运算函数是降低颜色、或运算函数是取并集、异或运算函数是取不重叠的区域、非运算函数是取反。

第4章　图像特征检测

对图片进行基础处理是为了将图片用于之后的图像分析，如上一章中的颜色识别。不过，更深入的图像分析可能要比颜色识别更复杂一些。因此，介绍完图像基础操作之后，本章我们将对图像的特征进行分析。

4.1　卷积运算

在进一步处理图片之前，我们先介绍卷积运算的概念。

卷积运算并不是在图像处理中出现的新名词，它和加减乘除一样是一种数学运算。参与卷积运算的可以是向量，也可以是矩阵。下面，我们先介绍向量的卷积。假设有一个短向量和一个长向量：

短向量

2	4	6

长向量

1	3	5	7	9

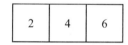

两个向量卷积的结果仍然是一个向量，计算步骤如下：

（1）将两个向量的第一个元素对齐，截去长向量中多余的元素，然后计算这两个维数相同的向量的内积。这里，内积的结果为$2\times1+4\times3+6\times5=44$，故结果向量的第一个元素是44。

（2）将短向量向下滑动一个元素，从原始长向量中截去不能与之对应的元素并计算内积。

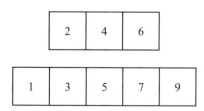

	2	4	6	
1	3	5	7	9

这里，内积的结果为2 × 3+4 × 5+6 × 7=68，故结果向量的第二个元素是68。

（3）将短向量再向下滑动一个元素，再截去长向量中多余的元素并计算内积。

2	4	6

1	3	5	7	9

这里，内积的结果为2 × 5+4 × 7+6 × 9=92，故结果向量的第三个元素是92。

此时，短向量的最后一个元素已经与长向量的最后一个元素对齐，所以这两个向量的卷积就计算完了，其结果为

44	68	92

卷积运算的一种特殊情况是，当两个向量的长度相同时不需要进行滑动操作，卷积结果是长度为1的向量，结果向量中的这个元素就是两个向量的内积。

由以上操作可以看出来，卷积运算的结果通常比长向量短。有时，为了让卷积运算之后的结果向量与长向量的长度一致，会在长向量的两端再补一些0。对于上面这个例子，在长向量的两端各补一个0，将长向量变成

0	1	3	5	7	9	0

则再进行卷积运算的时候，就可以得到一个包含5个元素的结果向量。

类似地，看一下矩阵的卷积运算。对于两个大小相同的矩阵，它们的内积是每个对应位置的数相乘之后的和，如下所示：

$$\begin{bmatrix} 1 & 3 \\ 5 & 7 \end{bmatrix} \times \begin{bmatrix} 2 & 4 \\ 6 & 8 \end{bmatrix} = 1 \times 2 + 3 \times 4 + 5 \times 6 + 7 \times 8 = 100$$

进行向量的卷积运算时，短向量只需沿着一个方向移动；而进行矩阵的卷积运算时，短向量需要沿着矩阵的两个方向移动。例如，一个2 × 2的矩阵与一个4 × 4的矩阵进行卷积运算时，过程如下：

$$\begin{bmatrix}1&2\\3&4\end{bmatrix}\begin{bmatrix}1&1&2&1\\2&1&3&2\\1&3&1&2\\2&3&4&1\end{bmatrix}\rightarrow\begin{bmatrix}13&&\\&&\\&&\end{bmatrix}$$

$$\begin{bmatrix}1&2\\3&4\end{bmatrix}\begin{bmatrix}1&1&2&1\\2&1&3&2\\1&3&1&2\\2&3&4&1\end{bmatrix}\rightarrow\begin{bmatrix}13&20&\\&&\\&&\end{bmatrix}$$

$$\begin{bmatrix}1&2\\3&4\end{bmatrix}\begin{bmatrix}1&1&2&1\\2&1&3&2\\1&3&1&2\\2&3&4&1\end{bmatrix}\rightarrow\begin{bmatrix}13&20&21\\&&\\&&\end{bmatrix}$$

$$\begin{bmatrix}1&2\\3&4\end{bmatrix}\begin{bmatrix}1&1&2&1\\2&1&3&2\\1&3&1&2\\2&3&4&1\end{bmatrix}\rightarrow\begin{bmatrix}13&20&21\\19&&\\&&\end{bmatrix}$$

……

$$\begin{bmatrix}1&2\\3&4\end{bmatrix}\begin{bmatrix}1&1&2&1\\2&1&3&2\\1&3&1&2\\2&3&4&1\end{bmatrix}\rightarrow\begin{bmatrix}13&20&21\\19&20&18\\25&30&21\end{bmatrix}$$

同样，有时为了让卷积运算之后的矩阵与大矩阵的大小一致，会在大矩阵的四周补值，不过补的值并不都是0。

4.2　垂直边缘与水平边缘

OpenCV用`filter2D()`函数实现卷积操作，以帮助我们获取图片中的特征信息。本节我们通过小矩阵：

$$\begin{bmatrix}-1&0&1\\-2&0&2\\-1&0&1\end{bmatrix}$$

提取图片中的垂直边缘。

这种参与运算的小矩阵通常被称为卷积核。上面的卷积核之所以能够提取图片中的垂直边缘，是因为与这个卷积核进行卷积相当于对当前列左右两侧的元素进行差分。由于边缘的值明显小于（或大于）周边像素，所以边缘的差分结果会明显不同，这样就提取出了垂直边缘（注意，卷积核中所有的值加起来为0，这一点之后会进一步解释）。同理，把上面那个矩阵转置一下：

$$\begin{bmatrix} -1 & -2 & -1 \\ 0 & 0 & 0 \\ 1 & 2 & 1 \end{bmatrix}$$

就可以提取图片的水平边缘。

完成垂直边缘和水平边缘提取的图片效果如图4.1所示。

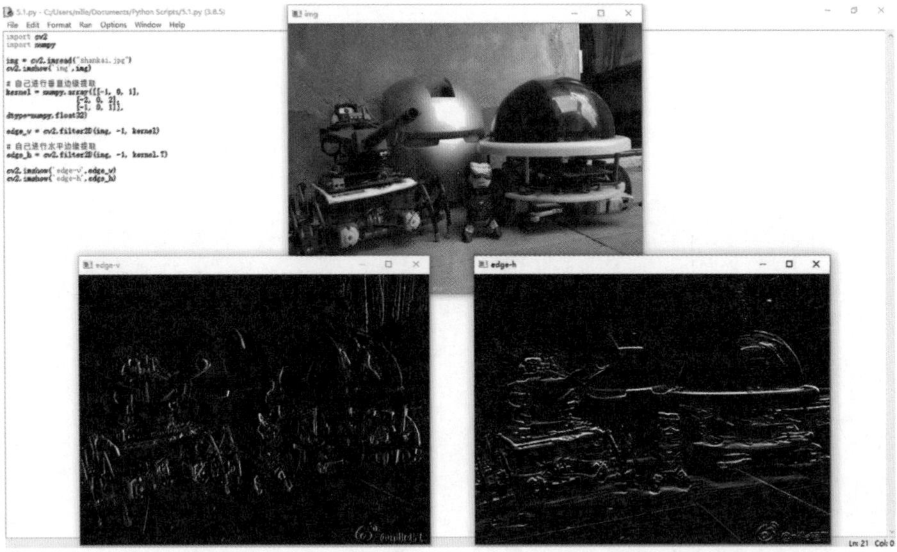

图4.1　完成垂直边缘和水平边缘提取的图片

对应的代码如下：

```
import cv2
import numpy

img = cv2.imread("shankai.jpg")
cv2.imshow('img',img)

#进行垂直边缘提取
kernel = numpy.array([[-1,0,1],
                      [-2,0,2],
                      [-1,0,1]],dtype = numpy.float32)
```

```
edge_v = cv2.filter2D(img,-1,kernel)

#进行水平边缘提取
edge_h = cv2.filter2D(img,-1,kernel.T)


cv2.imshow('edge-v',edge_v)
cv2.imshow('edge-h',edge_h)
cv2.waitKey()
cv2.destroyAllWindows()
```

其中，filter2D()函数的第二个参数表示输出图像的深度，-1代表使用原图深度，kernel.T表示矩阵转置。

卷积核：

$$\begin{bmatrix} -1 & 0 & 1 \\ -2 & 0 & 2 \\ -1 & 0 & 1 \end{bmatrix}$$

被称为索贝尔算子。对应的，还有拉普拉斯算子以及能显示整体外框的Outline算子。

拉普拉斯算子如下：

$$\begin{bmatrix} 0 & -1 & 0 \\ -1 & 4 & -1 \\ 0 & -1 & 0 \end{bmatrix}$$

利用它进行卷积的效果如图4.2所示。

图4.2　利用拉普拉斯卷积核进行卷积的效果

而Outline算子如下：

$$\begin{bmatrix} -1 & -1 & -1 \\ -1 & 8 & -1 \\ -1 & -1 & -1 \end{bmatrix}$$

利用它进行卷积的效果如图4.3所示。

图4.3　利用Outline卷积核进行卷积的效果

4.3　滤波器

前面说过，目前处理的图像中还存在一些噪声，可以通过滤波器进行处理。

这里的滤波器可以理解为一种数据处理方式，应用在图像处理方面就是在尽量保留图像细节特征的条件下抑制目标图像的噪声，其处理效果的好坏直接影响后续图像处理和分析的有效性和可靠性。消除图像中的噪声也被称为图像平滑化或滤波操作。

> **说　明**
>
> 之所以叫“滤波器”，是因为18世纪的一位法国数学家傅里叶提出“任何波形都可以由一系列简单且频率不同的正弦波曲线叠加而成”。这个概念对于图像操作非常有帮助，因为这样可以区分图像中哪些区域的信号变化强，哪些区域的信号变化弱，从而对图像进行处理。而去除噪声的过程也可以理解为滤掉某种波。

4.3.1 均值滤波

常用的线性滤波方式有均值滤波（blur函数）和高斯滤波（GaussianBlur函数）。

其中，均值滤波的主要方法为邻域平均法，即用一片图像区域的各个像素的均值来代替原图像中各个像素的值。一般要在图像上对目标像素给出一个卷积核，再通过卷积运算用全体像素的平均值代替原像素的值。

均值滤波本身存在固有缺陷，即它不能很好地保护图像细节，在图像去噪的同时也破坏了图像的细节部分。

应用均值滤波的代码如下：

```
import cv2
import numpy

img = cv2.imread("shankai.jpg")

blur = cv2.blur(img,(5,5))

cv2.imshow("original",img)
cv2.imshow("blur",blur)

cv2.waitKey()
cv2.destroyAllWindows()
```

运行程序后显示两张图片如图4.4所示。

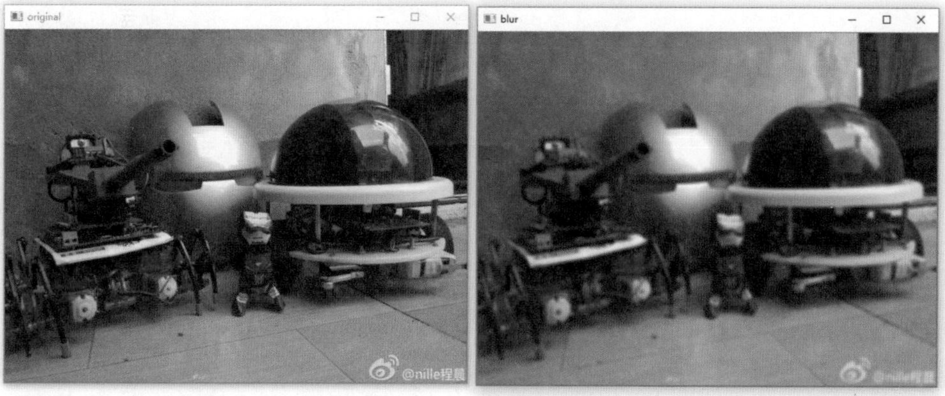

图4.4 均值滤波后的效果

在上面的代码中，`blur()`函数的第二个参数(5, 5)表示卷积核的大小，卷积核越大，处理后的图片越模糊。

4.3.2　高斯滤波

高斯滤波器是一种根据高斯函数的形状选择权值的线性平滑滤波器。高斯滤波就是对整幅图像进行加权平均的过程，每个像素点的值都由其本身和邻域其他像素的值经过**加权平均**后得到。

采用高斯模糊技术生成的图像，其视觉效果就像通过一个半透明屏幕观察图像。高斯滤波也用于计算机视觉算法中的预处理阶段，以增强图像在不同比例下的图像效果。从数学的角度来看，图像的高斯滤波过程就是图像与正态分布的卷积。正态分布又被称为高斯分布，这项技术对于高斯噪声抑制非常有效。

高斯噪声产生的主要原因如下：

（1）图像传感器在拍摄时视场不够明亮、亮度不够均匀。

（2）电路各元器件自身噪声和相互影响。

（3）图像传感器长期工作，温度过高。

应用高斯滤波的代码如下：

```
import cv2
import numpy

img = cv2.imread("shankai.jpg")

blur = cv2.GaussianBlur(img,(5,5),0)

cv2.imshow("original",img)
cv2.imshow("blur",blur)

cv2.waitKey()
cv2.destroyAllWindows()
```

这里，`GaussianBlur()`函数比`blur()`函数多了一个参数，这个参数表示高斯核函数在*x*方向的标准偏差。

4.4 边缘检测

边缘在人类视觉和计算机视觉中的作用巨大，人类能够仅凭一个剪影就识别出不同的物体。

OpenCV中的边缘检测步骤一般如下：

（1）滤波：边缘检测算法主要基于图像强度的一阶和二阶导数，但导数通常对噪声很敏感，因此，需要通过滤波改善边缘检测器的性能。常用的滤波方法是高斯滤波。

（2）增强：增强边缘的基础是确定图像各点邻域强度的变化值。增强算法可以将图像灰度点邻近强度值有显著变化的点凸显出来。图像各点邻域强度的变化值通过计算梯度幅值来确定。

（3）检测：通过增强的图像，往往邻域有很多点的梯度值比较大。在特定应用中，这些点并不是要找的边缘点，所以应该采用某种方法对这些点进行取舍。常用方法是通过阈值化方法来检测。

例如，通过索贝尔算子进行边缘检测，可以先对图片进行高斯滤波，然后将图片转换成灰度图像，最后创建水平边缘和垂直边缘，并使用或运算符将它们组合起来。对应的代码如下：

```
import cv2
import numpy

img = cv2.imread("shankai.jpg")

blur = cv2.GaussianBlur(img,(5,5),0)

gray = cv2.cvtColor(blur,cv2.COLOR_BGR2GRAY)

#进行垂直边缘提取
kernel = numpy.array([[-1,0,1],
                      [-2,0,2],
                      [-1,0,1]],dtype = numpy.float32)

edge_v = cv2.filter2D(gray,-1,kernel)

#进行水平边缘提取
```

```
edge_h = cv2.filter2D(gray,-1,kernel.T)

Bitwise_Or = cv2.bitwise_or(edge_h,edge_v)

#显示原图
cv2.imshow("original",img)
#显示高斯滤波后的图
cv2.imshow("blur",blur)
#显示灰度图
cv2.imshow("gray",gray)
#显示边缘检测图片
cv2.imshow('edge',Bitwise_Or)

cv2.waitKey()
cv2.destroyAllWindows()
```

运行程序，图像显示效果如图4.5所示。

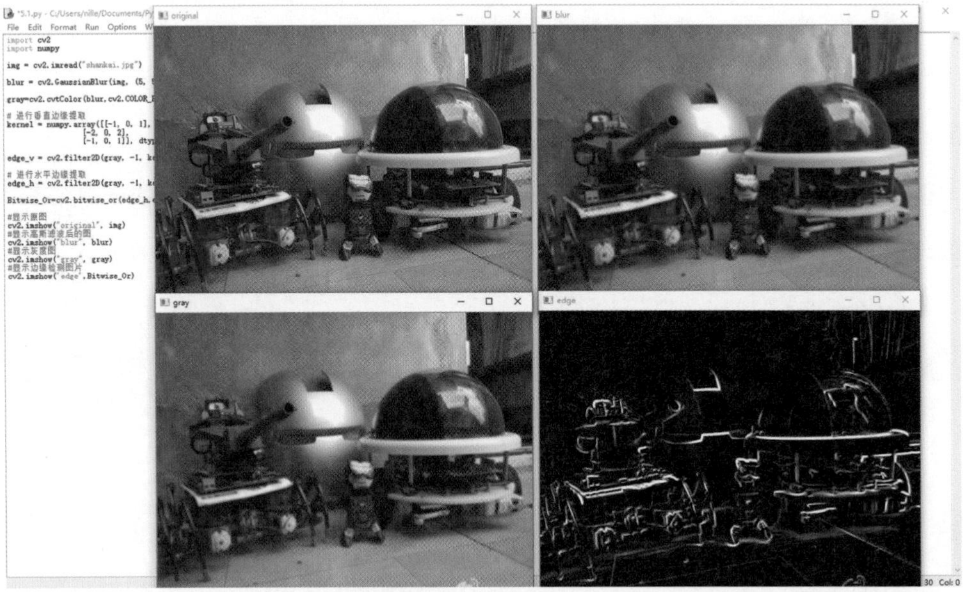

图4.5　通过索贝尔算子进行边缘检测

这里显示了四张图片，其中左上角为原图，右上角为高斯滤波后的图像，左下角为转换后的灰度图像，右下角为边缘检测图像。

4.4.1　Canny边缘检测

OpenCV还提供了一个非常方便的Canny边缘检测函数。Canny边缘检测非常流行，不仅因为它的检测效果，还因为实现起来非常简单，只需要一个Canny函数。尝试在编辑区输入以下代码：

```
import cv2
import numpy

img = cv2.imread("shankai.jpg")

canny_img = cv2.Canny(img,100,200)

cv2.imshow("img",img)
cv2.imshow("canny_img",canny_img)

cv2.waitKey()
cv2.destroyAllWindows()
```

运行程序，显示图像的边缘检测效果如图4.6所示。

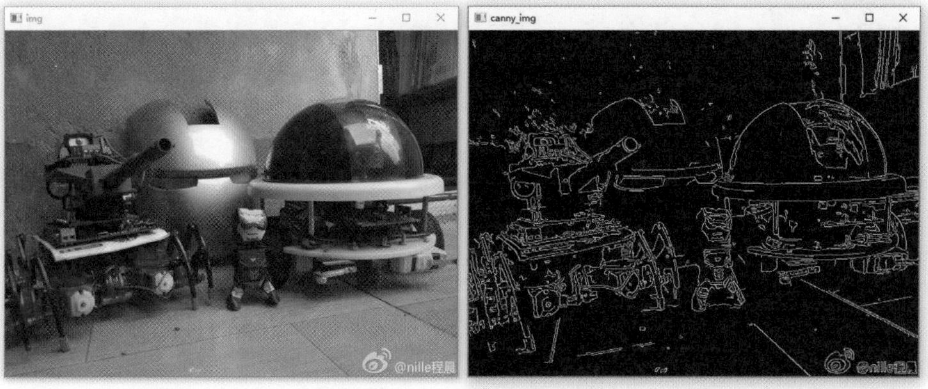

图4.6 Canny边缘检测

这里，Canny函数除了需要转换的图像作为参数，还需设置两个阈值。

Canny边缘检测可以分为以下5个步骤：

（1）应用高斯滤波平滑图像，以去除噪声。

（2）寻找图像的强度梯度（intensity gradients）。

（3）应用非最大抑制（non-maximum suppression）技术消除边误检，将模糊边界变清晰。通俗地讲，就是保留每个像素点上梯度强度的极大值，删掉其他值。

（4）经过非最大抑制后，图像中仍然有很多噪声。Canny算法应用了一种叫做双阈值的方法来决定可能的边界，即设定一个阈值上限和阈值下限（要在函数中设置）：图像中的像素点大于阈值上限时，认定为边界（称为强边界，strong edge）；小于阈值下限时，认定为非边界；两者之间的像素点认定为候选项（称为弱边界，weak edge），需做进一步处理。

（5）利用滞后技术跟踪边界。这一步操作可以理解为，和强边界相连的弱边界被认定为边界，其他弱边界则被抑制。

读者可以尝试调整Canny函数中的两个阈值，看看边缘检测的效果。

4.4.2 角点检测

边缘检测是其他复杂操作的基础，可以通过对边缘检测的进一步操作来检测图像中的角点、直线或圆形。还有一些涉及脊向的概念，脊向可以认为是细长物体的对称轴（如图像中一条平直的路）。

本节，我们介绍角点检测。角点就是轮廓中拐角的位置。角点检测可以按图4.7简单理解。

图4.7 角点检测的原理

图4.7中有四个方框在一片黄色区域的不同位置，其中：

（1）黑色框无论是上下移动还是左右移动（在一定范围内），其中的黄色面积都没有变化，那么它属于内部区域。

（2）蓝色框上下移动的时候，其中的黄色面积没有变化，但左右移动的时候黄色面积就会有变化，那么它属于边缘区域（左右边缘）。

（3）绿色框与蓝色框情况类似，左右移动时其中的黄色面积没有变化，但上下移动时其中的黄色面积有变化，它也属于边缘区域（上下边缘）。

（4）红色区域无论是上下移动还是左右移动，其中的黄色面积都有变化，那么它属于角部区域；如果这个方框小一些，那就是角点。

假设水平方向上的变化为x，垂直方向上的变化为y，则

· x、y都小的情况下为内部区域

· $x>y$（y很小）或$y>x$（x很小）的情况下为边缘

· x、y都很大的情况下为角点

这里定义了一个值$R=x\times y-k(x+y)^2$，R小对应平坦区域，$R<0$对应边界，R大对应角点。

角点检测用cornerHarris()函数，该函数需要四个参数：第一个参数为要检测的图像，这个图像需要是数据类型为float32的灰度格式图像；第二个参数为角点检测中方框移动的领域大小；第三个参数为使用索贝尔算子进行检测的窗口大小，这个参数定义了角点检测的敏感度，其值必须是3～31的奇数；第四个参数为Harris角点检测中的自由参数，即上面公式中的k，参数的值为0.04或0.06。

cornerHarris()函数的返回值就是由R组成的灰度图像，图像大小与原图一致。

进行角点检测的示例代码如下：

```
import cv2
import numpy

img = cv2.imread("shankai.jpg")

gray = cv2.cvtColor(img,cv2.COLOR_BGR2GRAY)
gray = numpy.float32(gray)

#输入图像必须是float32类型的灰度格式图像
dst = cv2.cornerHarris(gray,2,5,0.04)

print(gray.shape)
print(dst.shape)
```

```
threshold = 0.01*dst.max()

for x in range(0,dst.shape[0]):
  for y in range(0,dst.shape[1]):
    if dst[x][y] > threshold:
      img[x][y] = [0,0,255]

cv2.imshow('dst',img)

cv2.waitKey()
cv2.destroyAllWindows()
```

这段代码分别显示了灰度图像数据gray的大小和cornerHarris()函数返回值的大小，能看到两者的大小是一样的。

```
(445,600)
(445,600)
>>>
```

之后设置了一个阈值threshold，大于这个阈值的就认为是角点。在这段代码中，这个阈值是最大*R*值的1%，通过两个for循环遍历cornerHarris()函数的返回值，当某个位置的*R*值大于阈值的时候，就在img图像中设定相应位置的色块为红色，以显示角点。

运行程序就能够看到图中的角点都被标成了红色，如图4.8所示。

图4.8　在图片中显示角点

不过，这张图片不能体现出角点检测的强大。通常会使用一张棋盘的图片进行检测，读者可以试一试。

4.4.3 直线检测

霍夫（Hough）变换是从图像中识别几何形状的基本方法之一，应用非常广泛。本节我们就利用霍夫变换来检测图像中的直线。霍夫变换的原理是，将特定图形上的点变换到一组参数空间，根据参数空间点的累计结果找到一个极大值对应的解，那么这个解就对应要寻找的几何形状的参数。在OpenCV中，可通过HoughLines（标准霍夫变换）函数和HoughLinesP（统计概率霍夫变换）函数来检测图像中的直线。

标准霍夫变换的输入通常是一幅含有点集的二值图，如通过Canny函数获得的一幅边缘检测图像。图中一些点互相联系，组成直线。统计概率霍夫变换是标准霍夫变换的一个优化版本，它会通过分析点的子集来评估这些点属于一条直线的概率。标准霍夫变换输出的直线信息是极坐标系数值（用极角θ和极径r表示一段直线），利用这个数据时还需要转换。统计概率霍夫变换能够检测图像中分段的直线，显示效果更好。这里，我们使用HoughLinesP函数进行直线检测，对应的代码如下：

```
import cv2
import numpy

img = cv2.imread('shankai.jpg')

cv2.imshow('original',img)

edges = cv2.Canny(img,50,150)

lines = cv2.HoughLinesP(edges,1,numpy.pi/180,100,
                        minLineLength = 60,maxLineGap = 5)
for line in lines:
  x1,y1,x2,y2 = line[0]
  cv2.line(img,(x1,y1),(x2,y2),(0,0,255),2)

cv2.imshow("line_detect",img)
```

```
cv2.waitKey()
cv2.destroyAllWindows()
```

运行程序，显示直线检测效果如图4.9所示。

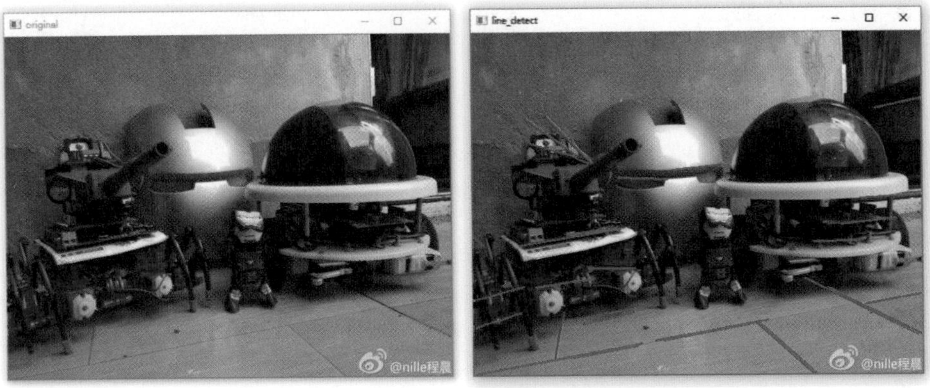

图4.9　直线检测

在上面这段程序中，先用Canny函数获得边缘检测图像，然后使用霍夫变换检测直线。其中，HoughLinesP函数的第一个参数为要检测的图像。这个图像必须是一个单通道的二值图像（每个色块只有黑、白两种选择）。它不一定需要Canny滤波，但经过去噪的图像输出结果可能会更好，因此使用Canny滤波是一个比较常见的操作。HoughLinesP函数的第二个参数和第三个参数表示搜索线段的步长和弧度，一般设为1和π/180（即一个弧度）。第四个参数表示经过某一点曲线的数量的阈值，超过这个阈值就表示交点在原图像中为一条直线。第五个参数minLineLength表示线段的最小长度，比这个长度小的线段都会被忽略。最后一个参数maxLineGap表示两条线之间的最大间隔，小于此值时两条线就会被看成一条线。

直线检测完成之后，再通过line()函数绘制检测出的线段。line()函数的参数分别为**所绘制的图像、线段的一个端点、线段的另一个端点、线段的颜色、线段的类型**。

4.4.4　圆形检测

圆形检测也是基于边缘检测和霍夫变换实现的，所用的函数是HoughCircles。对应的检测示例代码如下：

```
import cv2
import numpy

img = cv2.imread('coin.jpg',cv2.IMREAD_GRAYSCALE)

cv2.imshow('original',img)

blur = cv2.blur(img,(7,7),0)

circle = cv2.HoughCircles(blur,cv2.HOUGH_GRADIENT,1,80,param1 = 50,
         param2 = 30,minRadius = 0,maxRadius = 80)

if not circle is None:
  #把circles包含的圆心和半径的值变成整数
  circle = numpy.uint16(numpy.around(circle))
  for i in circle[0,:]:
    cv2.circle(img,(i[0],i[1]),i[2],(0,0,255),2)                #画圆
    cv2.circle(img,(i[0],i[1]),2,(0,0,255),2)                   #画圆心

cv2.imshow("circle",img)

cv2.waitKey()
cv2.destroyAllWindows()
```

霍夫圆变换的基本原理和霍夫线变换类似，只是点对应的极坐标系数值被圆的圆心和半径取代。在标准霍夫圆变换中，原图边缘检测图像的任意点对应的经过这个点的所有可能圆用圆心和半径这两个参数来表示，对应一条三维空间的曲线。对于多个边缘点，这些点对应的曲线交于一点的数量越多，那么它们经过的共同圆上的点就越多。类似的，我们也就可以用同样阈值的方法来判断一个圆是否被检测到，这就是标准霍夫圆变换的原理。不过，由于圆的计算量大大增加，所以标准霍夫圆变换很难用于实际。

OpenCV实现的是一个比标准霍夫圆变换更灵活的检测方法——霍夫梯度法，其运算量相对于标准霍夫圆变换大大减小。其检测原理是，依据圆心一定在圆上每个点的模向量上，这些圆上点的模向量的交点就是圆心。霍夫梯度法的第一步是找到这些圆心，第二步是根据所有候选中心的边缘非0像素来确定半径。

这里，我们换一张有很多硬币的图片“coin.jpg”。运行程序后图像显示效果如图4.10所示。

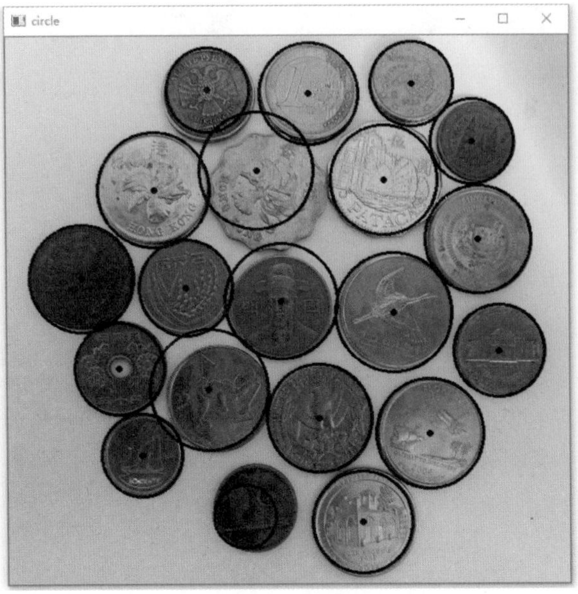

图4.10　圆形检测

上面程序中的HoughCircles函数使用上与HoughLinesP函数类似，其第一个参数也是要检测的图像。不过，这里要求这个图像是一个单通道灰度图像，因此导入图片的时候就是以灰度形式打开的，然后进行均值滤波处理。第二个参数是圆形检测方法，目前唯一实现的方法是HOUGH_GRADIENT。第三个参数是累加器与原始图像相比的分辨率的反比参数，dp=1时，累加器具有与输入图像相同的分辨率；dp=2时，累加器分辨率是原图的一半，宽度和高度也缩减为原图的一半。第四个参数表示检测到的两个圆心之间的最小距离，如果参数太小，可能错误地检测到多个相邻的圆圈；如果参数太大，可能会遗漏一些圆圈。第五个参数param1表示Canny边缘检测的高阈值，低阈值会被自动置为高阈值的一半。第六个参数param2表示圆心检测的累加阈值，参数值越小，可以检测到越多的假圆圈，但返回的是与较大累加器值对应的圆圈。第七个参数minRadius表示检测到的圆的最小半径。第八个参数maxRadius表示检测到的圆的最大半径。

圆形检测完成之后，再通过circle函数绘制检测出的圆以及圆心。circle函数的参数分别为**所绘制的图像、圆心的坐标、圆的半径、圆的颜色、圆的线型**。绘制圆心的函数和绘制圆的函数一样，只是圆心的半径很小而已。另外，由于原始图像是以灰度色彩空间的形式导入的，所以最后呈现的也是灰度图像。

4.5 轮廓检测

对于机器视觉，在完成边缘检测的基础上可以尝试实现轮廓检测。轮廓检测就是尝试检测图片或视频中物体的轮廓以及轮廓的位置，这是一个非常重要的技术，常用于物体检测以及物体跟踪。

4.5.1 轮廓的检测与绘制

轮廓检测主要基于cv2.findContours()函数实现，该函数需要三个参数。其中，第一个参数是要寻找轮廓的图像，这个图像必须是一个灰度图像。第二个参数是轮廓的检索模式，有四个选项：

（1）cv2.RETR_EXTERNAL，只检测外轮廓。

（2）cv2.RETR_LIST，检测轮廓但不建立等级关系。

（3）cv2.RETR_CCOMP，建立两个等级的轮廓，外面的一层为外边界，里面的一层为内孔的边界信息。

（4）cv2.RETR_TREE，建立一个等级树结构的轮廓。

第三个参数是轮廓的逼近方法，也有四个选项：

（1）cv2.CHAIN_APPROX_NONE，存储所有轮廓点，相邻两个点的像素位置差不超过1。

（2）cv2.CHAIN_APPROX_SIMPLE，压缩水平方向、垂直方向、对角线方向的元素，只保留该方向的终点坐标，只需4个点便可保存矩形轮廓信息。

（3）cv2.CHAIN_APPROX_TC89_L1。

（4）cv2.CHAIN_APPROX_TC89_KCOS。

选项（3）和（4）都使用teh-Chinl chain近似算法。

函数的返回值有两个，第一个为图像中的轮廓信息，以列表的形式表示，列表中每个元素都由对应轮廓的点集组成；第二个为相应轮廓之间的关系，这是一个*N*维数组对象ndarray，其中的元素数和轮廓数相同，每个轮廓contours[i]对应4个元素hierarchy[i][0]～hierarchy[i][3]，分别表示后一个轮廓、前一个轮廓、包含轮廓、父轮廓的索引编号，没有对应项时值为负数。

为了说明cv2.findContours()函数的用法，我们先对一张简单的图片进行轮廓检测。这张图片的名称为“black.jpg”，内容是一个黑底图片中间有一个填充白色的矩形，而白色矩形中又有两个填充黑色的矩形。尝试输入以下代码，完成轮廓检测：

```
import cv2
import numpy

img = cv2.imread("black.jpg")

canny_img = cv2.Canny(img,50,150)

contours,hierarchy = cv2.findContours(canny_img,cv2.RETR_EXTERNAL,
                                       cv2.CHAIN_APPROX_SIMPLE)
print(contours)
print(hierarchy)

cv2.imshow("black",img)

cv2.waitKey()
cv2.destroyAllWindows()
```

cv2.findContours()函数的第一个参数必须是一个灰度图像，因此，之前使用Canny函数来处理图像。第二个参数为cv2.RETR_EXTERNAL，表示只检测外轮廓。第三个参数为cv2.CHAIN_APPROX_SIMPLE，表示轮廓的逼近方法为压缩水平方向、垂直方向、对角线方向的元素，只保留该方向的终点坐标。之后，使用print()函数输出轮廓信息以及轮廓之间的关系。

程序运行效果如图4.11所示。

在对应的输出中能看到这里只检测到了一个轮廓（因为只检测外轮廓），而轮廓信息就是轮廓上的点集。根据显示内容可知，虽然图像中是一个标准矩形，但还是会检测到很多点（还是在逼近方法已经为压缩水平方向、垂直方向、对角线方向的元素，只保留该方向的终点坐标的情况下）。这个轮廓的后一个轮廓、前一个轮廓、包含轮廓、父轮廓都没有（[-1 -1 -1 -1]）。

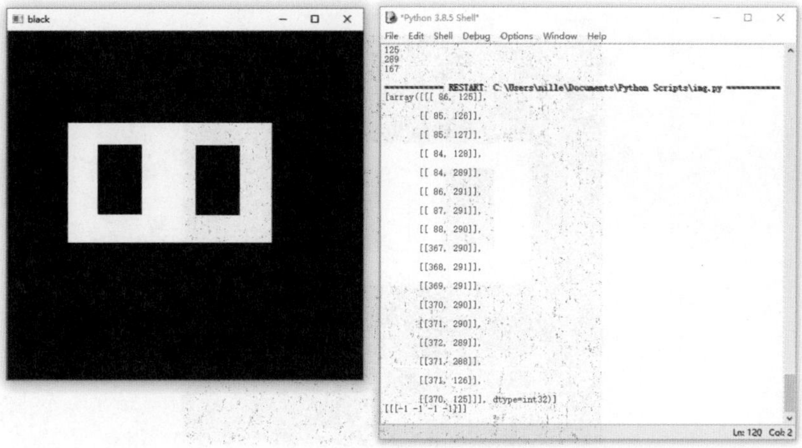

图4.11 轮廓检测

轮廓检测函数通常和cv2.drawContours()函数配合使用，cv2.drawContours()函数实现的功能是显示检测到的轮廓。尝试输入以下代码，完成轮廓的检测与显示：

```
import cv2
import numpy

img = cv2.imread("black.jpg")

canny_img = cv2.Canny(img,50,150)

contours,hierarchy = cv2.findContours(canny_img,cv2.RETR_EXTERNAL,
                                       cv2.CHAIN_APPROX_SIMPLE)
cv2.drawContours(img,contours,-1,(255,0,0),2)
print(hierarchy)

cv2.imshow("black",img)

cv2.waitKey()
cv2.destroyAllWindows()
```

cv2.drawContours()函数有五个参数，第一个参数为要绘制轮廓的图像；第二个参数为轮廓点，即cv2.findContours()函数的第一个返回值；第三个参数表示绘制第几个轮廓，-1表示绘制所有轮廓；第四个参数表示绘制轮廓的颜色；第五个参数表示轮廓的线宽，这里线宽为2，该参数为-1时表示填充。

程序运行效果如图4.12所示。

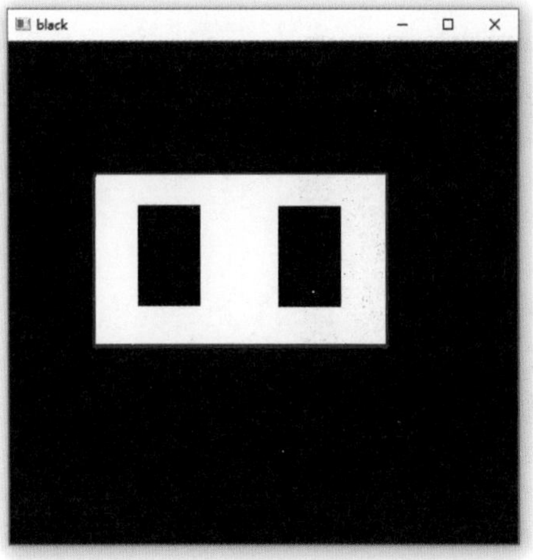

图4.12　轮廓的检测与显示

由图4.12可见，白色矩形的周边绘制了一个蓝色的框。接下来，我们将cv2.findContours()函数的第二个参数改为cv2.RETR_LIST以检测图中所有的轮廓，不过轮廓之间不建立等级关系。对应的代码如下：

```
import cv2
import numpy

img = cv2.imread("black.jpg")

canny_img = cv2.Canny(img,50,150)

contours,hierarchy = cv2.findContours(canny_img,cv2.RETR_LIST,
                                      cv2.CHAIN_APPROX_SIMPLE)
cv2.drawContours(img,contours,-1,(255,0,0),2)
print(hierarchy)

cv2.imshow("black",img)

cv2.waitKey()
cv2.destroyAllWindows()
```

这里同样使用print()函数输出轮廓之间的关系。程序运行效果如图4.13所示。

由图4.13可见，不但白色矩形的周边绘制了一个蓝色的框，白色矩形中的两个黑色矩形的周边也有一个蓝色的框。同时，在输出的信息中能看到这次检测到6个轮廓。由于轮廓之间没有建立等级关系，所以轮廓都是按顺序排下来的（轮廓的序号从0开始）。例如，第一个轮廓的后一个轮廓序号为1，没有前一个轮廓（显示为-1），对应的关系列表的值为[1,-1,-1,-1]；而第二个轮廓的后一个轮廓序号为2，前一个轮廓序号为0；以此类推。

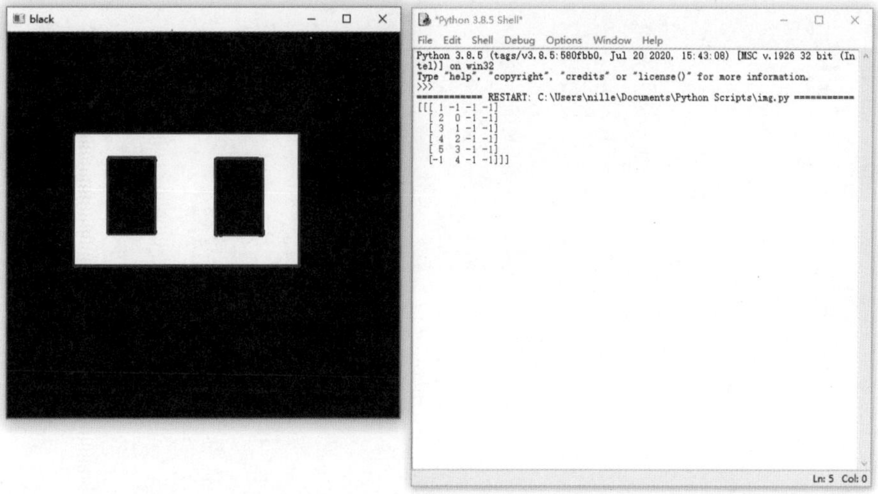

图4.13 检测图中所有轮廓，轮廓之间不建立等级关系

4.5.2 显示边界框

上面的代码虽然检测并绘制显示了图像中所有的轮廓，但无法具体对应到每个轮廓。为此，可以使用boundingRect()函数确定单个轮廓所占的矩形区域大小，该函数的返回值为矩形区域左上角坐标以及矩形区域的大小。尝试输入以下代码，输出显示轮廓的矩形区域左上角坐标以及矩形区域的大小：

```
import cv2
import numpy

img = cv2.imread("black.jpg")

canny_img = cv2.Canny(img,50,150)

contours,hierarchy = cv2.findContours(canny_img,cv2.RETR_TREE,
                                      cv2.CHAIN_APPROX_SIMPLE)
cv2.drawContours(img,contours,-1,(255,0,0),2)
print(hierarchy)

for c in contours:
```

```
    print(cv2.boundingRect(c))

cv2.imshow("black",img)

cv2.waitKey()
cv2.destroyAllWindows()
```

运行代码后输出的信息为

```
[[[-1 -1  1 -1]
  [-1 -1  2  0]
  [ 4 -1  3  1]
  [-1 -1 -1  2]
  [-1  2  5  1]
  [-1 -1 -1  4]]]

(84,125,289,167)
(84,125,289,167)
(264,156,63,98)
(264,156,63,98)
(127,155,63,97)
(127,155,63,97)
```

上面这段代码通过for循环单独获取每个轮廓所占矩形区域的信息，并将cv2.findContours()函数的第二个参数改为cv2.RETR_TREE以建立轮廓之间的等级树结构。

通过显示的信息能够看出来，轮廓0和轮廓1的区域是一样的，轮廓2和轮廓3的区域是一样的，轮廓4和轮廓5的区域是一样的。由此可知，这里轮廓检测的时候会检测整体黑色背景中的内轮廓，以及白色矩形的外轮廓，还有白色矩形当中的内轮廓和白色矩形中两个黑色矩形的外轮廓。根据关系列表的值，轮廓的等级关系整理为表4.1。

表4.1　轮廓的等级关系

轮廓序号	后一个轮廓	前一个轮廓	包含轮廓	父轮廓
0	无	无	1	无
1	无	无	2	0
2	4	无	3	1
3	无	无	无	2
4	无	2	5	1
5	无	无	无	4

如果将对应轮廓编号放在图中，则如图4.14所示。

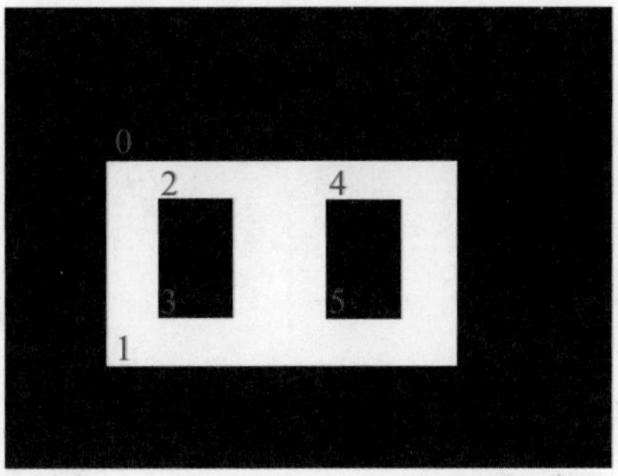

图4.14 在图中显示轮廓的等级关系

如果对应轮廓2，那么其后一个轮廓为4，没有前一个轮廓，轮廓2中包含了轮廓3，父轮廓为1。

这里需要注意，boundingRect()函数返回的是轮廓所占的矩形区域，图4.14中由于所有轮廓都是矩形，所以这个区域是和轮廓重合的。但是，如果轮廓的形状是不规则的，那么这个区域就表示轮廓的边界框。通常会利用边界框来截取图像中的某一部分。

下面，我们换一张名为“arduino.jpg”的图片，并显示检测到的轮廓。对应的代码如下：

```
import cv2
import numpy

img = cv2.imread("arduino.jpg")

grey = cv2.cvtColor(img,cv2.COLOR_BGR2GRAY)

cv2.imshow("original",grey)

contours,hierarchy = cv2.findContours(grey,cv2.RETR_TREE,
                                      cv2.CHAIN_APPROX_SIMPLE)
cv2.drawContours(img,contours,-1,(255,0,0),2)

cv2.imshow("New",img)

cv2.waitKey()
cv2.destroyAllWindows()
```

这段代码使用cvtColor()函数将图像转换成灰度图像，运行程序效果如图4.15所示。这张名为“arduino.jpg”的图片是此前笔者设计制作的一个具有Arduino功能的异形板，外形是一个带着翅膀的小姑娘。

图4.15　换一张稍复杂的图片进行轮廓检测与显示

由于白色区域的外轮廓是会被检测出来的，因此在图4.15中能看到整个图像有一个蓝色的边框。如果我们不希望检测这个最外侧的边框，可以通过threshold()函数来处理图像。在threshold()函数中，如果第四个参数为cv2.THRESH_BINARY_INV，就能够实现一个反显的效果（即白色区域为黑色，黑色区域为白色）：可以设定阈值为100，大于100的灰度值设为0，小于100的灰度值设为255。对应的代码如下：

```
import cv2
import numpy

img = cv2.imread("arduino.jpg")

grey = cv2.cvtColor(img,cv2.COLOR_BGR2GRAY)

ret,thresh_img = cv2.threshold(grey,100,255,cv2.THRESH_BINARY_INV)

cv2.imshow("original",thresh_img)

contours,hierarchy = cv2.findContours(thresh_img,cv2.RETR_EXTERNAL,
                                      cv2.CHAIN_APPROX_SIMPLE)
cv2.drawContours(img,contours,-1,(255,0,0),2)
```

```
cv2.imshow("New",img)


cv2.waitKey()
cv2.destroyAllWindows()
```

这段代码还将findContours()函数的第二个参数修改为cv2.RETR_EXTERNAL，这样就会只检测外轮廓。程序运行效果如图4.16所示。

图4.16　将图像二值化处理只检测外轮廓

此时会看到整个图像外围的蓝色边框没有了，这说明已经检测不到白色区域最外侧的轮廓了。

接着，在这张图片中尝试显示轮廓的边界框，效果如图4.17所示。

图4.17　显示轮廓的边界框

对应的代码如下：

```
import cv2
import numpy

img = cv2.imread("arduino.jpg")

grey = cv2.cvtColor(img,cv2.COLOR_BGR2GRAY)

ret,thresh_img = cv2.threshold(grey,100,255,cv2.THRESH_BINARY_INV)

cv2.imshow("original",thresh_img)

contours,hierarchy = cv2.findContours(thresh_img,cv2.RETR_EXTERNAL,
                                      cv2.CHAIN_APPROX_SIMPLE)
for c in contours:
  x,y,w,h = cv2.boundingRect(c)
  cv2.rectangle(img,(x,y),(x+w,y+h),(255,0,0),2)

cv2.imshow("New",img)

cv2.waitKey()
cv2.destroyAllWindows()
```

这段代码在for循环中使用了rectangle()函数来绘制矩形。rectangle()函数的参数和line()函数类似，分别为**所绘制的图像、矩形左上角的坐标、矩形右下角的坐标、矩形框的颜色、矩形框的宽度**。这里能看到，boundingRect()函数返回的轮廓所占矩形区域是在所检测的轮廓外包围着轮廓的，该区域就决定了轮廓的边界框。

4.5.3　最小矩形区域与最小圆形区域

除了显示横平竖直的矩形边界框，我们还可以得到并显示轮廓的最小矩形区域，以及用圆圈的形式显示轮廓所占的最小圆形区域。分别需要使用minAreaRect()函数和minEnclosingCircle()函数。

minAreaRect()函数会计算出最小矩形的区域，不过在OpenCV中没有函数能直接从轮廓信息中计算出最小矩形的顶点坐标，因此还需使用boxPoints()函数计算矩形的顶点。

minEnclosingCircle()函数会返回单个轮廓所占最小圆形区域的圆心坐标以及半径，其中圆心坐标是一个二元组。尝试输入以下代码，显示轮廓所占的最小矩形区域与最小圆形区域。

```
import cv2
import numpy

img = cv2.imread("arduino.jpg")

grey = cv2.cvtColor(img,cv2.COLOR_BGR2GRAY)

ret,thresh_img = cv2.threshold(grey,100,255,cv2.THRESH_BINARY_INV)

cv2.imshow("original",thresh_img)

contours,hierarchy = cv2.findContours(thresh_img,cv2.RETR_EXTERNAL,
                                       cv2.CHAIN_APPROX_SIMPLE)
for c in contours:
  #圆心坐标和半径的计算
  (x,y),radius = cv2.minEnclosingCircle(c)
  #规范化为整数
  center = (int(x),int(y))
  radius = int(radius)
  #勾画圆形区域
  img = cv2.circle(img,center,radius,(0,255,0),2)

  #计算最小矩形区域
  rect = cv2.minAreaRect(c)
  #计算矩形的顶点
  box = cv2.boxPoints(rect)
  #将顶点坐标都变为整数
  box = numpy.int0(box)
  #绘制最小矩形区域
  cv2.drawContours(img,[box],-1,(0,0,255),2)

cv2.imshow("New",img)

cv2.waitKey()
cv2.destroyAllWindows()
```

这段代码也是通过for循环来单独计算每个轮廓所占的最小圆形区域以及最小矩形区域。最小圆形区域是使用circle()函数绘制的，颜色为绿色，而最小矩形区域则是通过drawContours()函数绘制的，绘制的内容即为boxPoints()返回的值，对应颜色为红色。程序运行效果如图4.18所示。

图4.18　显示最小圆形区域与最小矩形区域

4.5.4　显示近似轮廓

物体的外形千奇百怪，很难只用矩形或圆形表示。为此，可以考虑以多边形的形式显示近似的轮廓，这需要使用approxPolyDP()函数。该函数有三个参数，第一个参数为某一个轮廓信息；第二个参数为本身的轮廓与近似轮廓之间的差值，这个值越小，近似轮廓越接近本身的轮廓；第三个参数表示近似轮廓是否闭合，True表示近似轮廓闭合，False表示近似轮廓不闭合。

第二个参数表示的本身的轮廓与近似轮廓之间的差值非常重要，它是近似轮廓的周长与本身轮廓周长之间的最大差值。如果将这个差值设为本身轮廓周长的2‰，那么可以通过以下代码计算：

```
epsilon = 0.002*cv2.arcLength(c,True)
```

这里，我们将差值存储在变量epsilon中。另外，计算轮廓周长使用的是arcLength()函数。该函数有两个参数，第一个为某一个轮廓信息，第二个参数表示轮廓是否闭合。周长乘以0.002即为近似轮廓的周长与本身轮廓周长之间的最大差值。尝试输入以下代码，显示近似轮廓：

```
import cv2
import numpy
```

```
img = cv2.imread("arduino.jpg")
img1 = cv2.imread("arduino.jpg")

grey = cv2.cvtColor(img,cv2.COLOR_BGR2GRAY)

ret,thresh_img = cv2.threshold(grey,100,255,cv2.THRESH_BINARY_INV)

cv2.imshow("original",thresh_img)

contours,hierarchy = cv2.findContours(thresh_img,cv2.RETR_EXTERNAL,
                                      cv2.CHAIN_APPROX_SIMPLE)

for c in contours:
  epsilon = 0.002*cv2.arcLength(c,True)
  approx = cv2.approxPolyDP(c,epsilon,True)
  cv2.drawContours(img,[approx],-1,(255,255,0),2)

  epsilon = 0.01*cv2.arcLength(c,True)
  approx = cv2.approxPolyDP(c,epsilon,True)
  cv2.drawContours(img1,[approx],-1,(255,255,0),2)

cv2.imshow("0.002",img)
cv2.imshow("0.01",img1)

cv2.waitKey()
cv2.destroyAllWindows()
```

程序运行效果如图4.19所示。

图4.19 显示近似轮廓

图4.19右侧图像显示的是近似轮廓周长与本身轮廓周长之间最大差值在1%周长以内的情况，而中间图像显示的是近似轮廓周长与本身轮廓周长之间最大差值在2‰周长以内的情况。

为了更直观地显示近似轮廓，可以在经过Canny函数处理的图像中显示近似轮廓。对应的代码如下：

```
import cv2
import numpy

img = cv2.imread("arduino.jpg")

canny_img = cv2.Canny(img,50,150)
newImg = cv2.cvtColor(canny_img,cv2.COLOR_GRAY2BGR)

grey = cv2.cvtColor(img,cv2.COLOR_BGR2GRAY)

ret,thresh_img = cv2.threshold(grey,100,255,cv2.THRESH_BINARY_INV)

contours,hierarchy = cv2.findContours(thresh_img,cv2.RETR_EXTERNAL,
                                      cv2.CHAIN_APPROX_SIMPLE)

for c in contours:
  epsilon = 0.002*cv2.arcLength(c,True)
  approx = cv2.approxPolyDP(c,epsilon,True)
  cv2.drawContours(newImg,[approx],-1,(0,255,0),2)

  epsilon = 0.01*cv2.arcLength(c,True)
  approx = cv2.approxPolyDP(c,epsilon,True)
  cv2.drawContours(newImg,[approx],-1,(255,0,0),2)

cv2.imshow("New",newImg)

cv2.waitKey()
cv2.destroyAllWindows()
```

程序运行效果如图4.20所示。

图4.20　在经过Canny函数处理的图像中显示近似轮廓

4.5.5　显示凸包

凸包（Convex Hull）是一个计算几何（图形学）概念：在一个向量空间*V*中，对于给定集合*X*，所有包含*X*的凸集的交集*S*被称为*X*的凸包。

在图像处理过程中，我们常常需要寻找图像中包围某个物体的凸包。凸包跟近似轮廓很像，只不过它是包围物体最外层的一个凸集。这个凸集是所有能包围这个物体的凸集的交集。

在OpenCV中，通过convexHulll()函数很容易得到一系列轮廓的凸包。convexHulll()函数只需要一个参数，就是某一个轮廓信息。尝试输入以下代码，显示凸包：

```
import cv2
import numpy

img = cv2.imread("arduino.jpg")

canny_img = cv2.Canny(img,50,150)
newImg = cv2.cvtColor(canny_img,cv2.COLOR_GRAY2BGR)

grey = cv2.cvtColor(img,cv2.COLOR_BGR2GRAY)

ret,thresh_img = cv2.threshold(grey,100,255,cv2.THRESH_BINARY_INV)
```

```
contours,hierarchy = cv2.findContours(thresh_img,cv2.RETR_EXTERNAL,
                                      cv2.CHAIN_APPROX_SIMPLE)

for c in contours:
  hull = cv2.convexHull(c)
  cv2.drawContours(newImg,[hull],-1,(0,0,255),2)

cv2.imshow("New",newImg)

cv2.waitKey()
cv2.destroyAllWindows()
```

程序运行效果如图4.21所示。

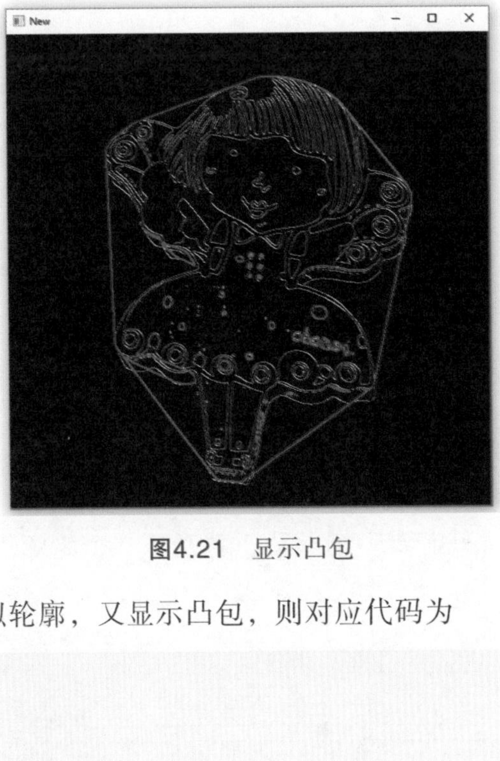

图4.21　显示凸包

如果既显示近似轮廓，又显示凸包，则对应代码为

```
import cv2
import numpy

img = cv2.imread("arduino.jpg")

canny_img = cv2.Canny(img,50,150)
newImg = cv2.cvtColor(canny_img,cv2.COLOR_GRAY2BGR)

grey = cv2.cvtColor(img,cv2.COLOR_BGR2GRAY)
```

```
ret,thresh_img = cv2.threshold(grey,100,255,cv2.THRESH_BINARY_INV)

contours,hierarchy = cv2.findContours(thresh_img,cv2.RETR_EXTERNAL,
                                      cv2.CHAIN_APPROX_SIMPLE)

for c in contours:
    epsilon = 0.002*cv2.arcLength(c,True)
    approx = cv2.approxPolyDP(c,epsilon,True)
    cv2.drawContours(newImg,[approx],-1,(0,255,0),2)

    epsilon = 0.01*cv2.arcLength(c,True)
    approx = cv2.approxPolyDP(c,epsilon,True)
    cv2.drawContours(newImg,[approx],-1,(255,0,0),2)

    hull = cv2.convexHull(c)
    cv2.drawContours(newImg,[hull],-1,(0,0,255),2)

cv2.imshow("New",newImg)

cv2.waitKey()
cv2.destroyAllWindows()
```

对应的显示效果如图4.22所示。

图4.22　显示近似轮廓与凸包

通过显示的图像能够知道凸包包围整个物体，而且凸包中没有向内凹进去的部分。凸包是物体轮廓的最大值。凸包中间是物体本身的轮廓，而近似轮廓是在物体本身轮廓之中的，可以看成使用最少的直线描述物体的图像。

第5章　人脸检测

完成边缘检测以及轮廓的识别之后，我们来了解一下人脸检测。

5.1　Haar分类器

检测到图像中的特征信息之后，对这些特征的相对位置和距离进行分析，就能够进一步判断图片中是什么物体，如椅子、汽车、手机等。这个过程听起来简单，但在实际操作中要复杂得多。

目前的人脸检测方法主要分为两大类：基于知识的方法和基于统计的方法。

（1）基于知识的方法将人脸看作器官特征的组合，根据眼睛、眉毛、嘴巴、鼻子等器官的特征以及相互之间的几何位置关系来检测人脸。前面描述的那种判断物体的形式就是基于知识的方法。

（2）基于统计的方法将人脸看作一个整体——二维像素矩阵，基于统计的观点通过大量人脸图像样本构造人脸模式空间，根据相似度来判断人脸是否存在。

目前OpenCV中的人脸检测属于基于统计的方法，使用的是Haar分类器。简单来说，分类器就是训练好的对图像进行分类的算法，对于人脸检测就是对人脸和非人脸进行分类的算法。在人工智能领域，很多算法都是对事物进行分类、聚类。

Haar分类器的要点如下：

- 使用Haar-like小波特征做检测（Haar分类器的名字正是来源于此）
- 使用积分图（Integral Image）对Haar-like特征求值进行加速
- 使用AdaBoost算法训练区分人脸和非人脸的强分类器
- 使用筛选式级联把强分类器级联到一起，提高准确率

Haar-like特征模板内只有白色和黑色两种矩形，并定义该模板的特征值为白色矩形像素和减去黑色矩形像素和。Haar特征值反映了图像的灰度变化

情况，人脸检测应用则认为脸部的一些特征能由矩形特征简单的描述，如眼睛要比脸颊颜色深，鼻梁两侧要比鼻梁颜色深，嘴巴要比周围颜色深等。我们暂且将得到的值称为人脸特征值。如果你把这个矩形放到非人脸区域，那么计算出的特征值应该和人脸特征值是不一样的，而且区别越大越好。这些矩形的作用就是把人脸特征量化，以区分人脸和非人脸。但是，矩形特征只对一些简单的图形结构，如边缘、线段较敏感，所以只能描述特定走向（水平、垂直、对角）的结构。

5.1.1 AdaBoost算法

可以对多个矩形特征进行计算，得到一个区分度更大的特征值。那么，什么样的矩形特征怎么组合到一块可以更好地区分人脸和非人脸呢？这就是AdaBoost算法的工作了。

AdaBoost是一种具有一般性的分类器提升算法，它使用的分类器并不局限于某一特定算法。AdaBoost算法是一种PAC①学习模型。PAC学习的实质就是在样本训练的基础上，使算法的输出以概率接近未知的目标概念。PAC学习模型是考虑样本复杂度（学习器收敛到成功假设所需的至少训练样本数）和计算复杂度（学习器收敛到成功假设所需的计算量）的一个基本框架。简单说来，PAC学习模型不要求每次都正确，只要能在多项式样本和多项式时间内得到满足需求的正确率，就算是一个成功的学习。同时，PAC学习模型还有一个理论，那就是只要有足够的数据进行训练，就能提高一种算法的识别率。因此，只要有足够的数据进行训练，AdaBoost算法就能够更好地区分人脸和非人脸。

通过AdaBoost算法训练出来的分类器识别率越来越高，不过在实际的人脸检测中，只靠一个分类器还是难以保证检测的正确率。这时，就需要将多个训练好的分类器级联，形成正确率很高的级联分类器——这就是最终的Haar分类器。

Haar分类器在检测的时候，会以现实中的一幅大图片作为输入，然后对图片进行多区域、多尺度的检测。所谓多区域，就是将图片划分为多块，检测每个块。由于训练用的照片一般都是20×20左右的小图片，所以对于大的人脸，

① Probably Approximately Correct，概率近似正确，一种机器学习框架。

还需要进行多尺度检测。多尺度检测一般有两种策略，一种是不改变搜索窗口的大小，不断缩放图片。这种方法显然需要对每个缩放后的图片进行区域特征值的运算，效率不高。另一种方法是，不断将搜索窗口大小初始化为训练时的图片大小，不断扩大搜索窗口，进行搜索，弥补了第一种策略的缺陷。区域放大的过程中会出现同一个人脸被多次检测的情况，还需要进行区域的合并。无论是哪一种搜索方法，都会为输入图片输出大量的子窗口图像。这些子窗口图像经过筛选式级联分类器会不断地被每个节点筛选，筛选结果为抛弃或通过。

5.1.2 积分图

了解Haar分类器之后，我们来认识一下积分图。积分图是Haar分类器能够实时检测人脸的保证。由前面的内容可知，无论是训练还是检测，每遇到一个图片样本，每遇到一个子窗口图像，Haar分类器都面临着如何计算当前子图像特征值的问题。一个Haar-like特征在一个窗口中怎样排列能够更好地体现人脸的特征，这是未知的，所以才要训练。而训练之前我们只能通过排列组合穷举所有这样的特征，计算量非常大。积分图是只遍历一次图像就可以求出图像中所有区域像素和的快速算法，可大大提高图像特征值计算的效率。

5.2 Haar分类器训练的步骤

人脸识别要使用专门的分类器，而分类器是由机器学习模型通过大量的数据训练出来的。对于Haar分类器，其训练过程有5个步骤（其他分类器类似）：

（1）准备人脸、非人脸样本集。

（2）计算特征值和积分图。

（3）筛选出T个优秀的特征值。

（4）把T个分类器传给AdaBoost进行训练。

（5）级联。

5.3 获取Haar分类器

Haar特征分类器是一个xml文件，描述了检测物体的Haar特征值。OpenCV 3的文件夹下有一个data文件夹，其中包含所有OpenCV的人脸检测xml文件，如图5.1所示。这些文件可用于静态图像、视频以及摄像头获取图像中人脸的检测。

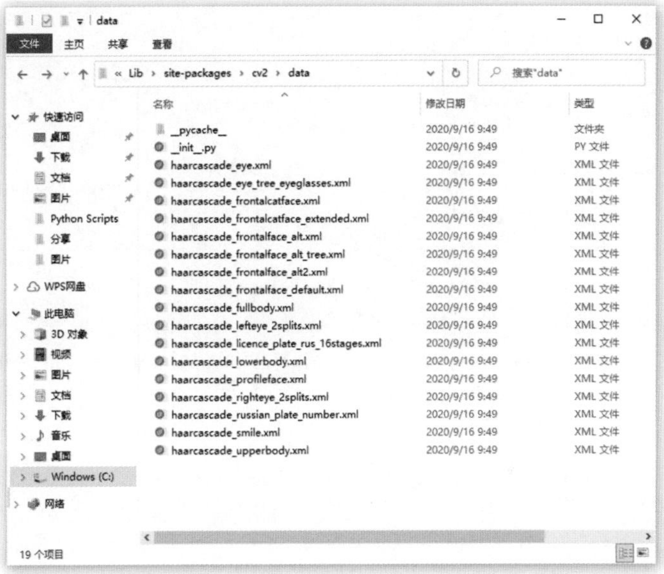

图5.1 OpenCV 3的文件夹下data文件夹中包含所有OpenCV的人脸检测xml文件

根据文件名可知，这些文件可用于人脸、眼睛、嘴的检测。我们可以将需要的文件复制到程序文件的同目录下。

5.4 使用OpenCV进行人脸检测

使用OpenCV进行人脸检测首先要通过`CascadeClassifier`函数加载Haar分类器，该函数的参数就是对应的训练好的xml文件。如果检测正脸，则加载Haar分类器的代码如下：

```
classfier = cv2.CascadeClassifier("haarcascade_frontalface_default.xml")
```

> **说　明**
>
> 这里将需要的文件haarcascade_frontalface_default.xml复制到程序文件的同目录下。

该函数会返回一个Haar分类器对象，接着就可以在程序中使用对象的函数detectMultiScale()进行人脸识别了。对应的人脸检测示例代码如下：

```
import cv2
import numpy

img = cv2.imread("face.jpg")
grey = cv2.cvtColor(img,cv2.COLOR_BGR2GRAY)

classfier = cv2.CascadeClassifier("haarcascade_frontalface_
                                   default.xml")

faceRects = classfier.detectMultiScale(grey,scaleFactor = 1.1,minNeighbors
                                       = 3,minSize = (32,32))

for faceRect in faceRects:                             #单独框出每一张人脸
  x,y,w,h = faceRect
  cv2.rectangle(img,(x,y),(x+w,y+h),(0,255,255),2)

cv2.imshow("Faces",img)
cv2.waitKey()
cv2.destroyAllWindows()
```

这里换一张笔者本人的头像图片“face.jpg”。程序运行效果如图5.2所示。

detectMultiScale()函数的第一个参数是要检测的图像。这里，这个图像也必须是一个8位单通道灰度图像。第二个参数scaleFactor表示每个图像尺度中的尺度参数，默认值为1.1，这个参数可以决定两个不同大小的窗口扫描之间有多大的跳跃：参数设置得大意味着计算快，但如果窗口错过了某个大小的人脸，则可能会错过人脸。第三个参数minNeighbors表示最少的重叠检测，默认为3，表明至少有3次重叠检测，我们才认为检测到人脸。最后一个参数minSize表示寻找人脸的最小区域。

图5.2 人脸检测效果

人脸检测完成之后，再通过rectangle函数绘制一个矩形来标识出检测到的人脸。如果是一张多人的图像，则人脸检测效果如图5.3所示。

图5.3 检测多人图像中的人脸

检测出人脸之后，还可以在人脸范围内检测眼睛。对应的代码如下：

```
import cv2
import numpy
```

```
img = cv2.imread("face.jpg")
grey = cv2.cvtColor(img,cv2.COLOR_BGR2GRAY)

classfier = cv2.CascadeClassifier("haarcascade_frontalface_
                                   default.xml")
eye_classfier = cv2.CascadeClassifier("haarcascade_eye.xml")


faceRects = classfier.detectMultiScale(grey,scaleFactor = 1.2,minNeighbors
                                    = 3,minSize = (32,32))

for faceRect in faceRects:
  x,y,w,h = faceRect
  cv2.rectangle(img,(x,y),(x+w,y+h),(0,255,255),2)

  #人脸区域
  face_img = grey[y:y+h,x:w+x]

  eyes = eye_classfier.detectMultiScale(face_img,scaleFactor = 1.1,
                                    minNeighbors = 4,minSize = (30,30))
  for ex,ey,ew,eh in eyes:
    cv2.rectangle(img,(x+ex,y+ey),(x+ex+ew,y+ey+eh),(255,0,0),2)

cv2.imshow("Faces",img)

cv2.waitKey()
cv2.destroyAllWindows()
```

在上述程序中，检测眼睛的时候只查看人脸部分的图像。程序运行效果如图5.4所示。

检测出眼睛之后，我们来完成一个有趣的修改，将图中的眼睛变成卡通形式的。这个卡通眼睛可以通过绘制圆形的函数来完成，即在一个白色的圆里面绘制一个黑色的圆。具体实现代码如下：

```
cv2.circle(img,(x+ex+ew//2,y+ey+eh//2),20,(255,255,255),-1)
cv2.circle(img,(x+ex+ew//2,y+ey+eh//2),8,(0,0,0),-1)
```

代替之前代码中绘制眼睛外围蓝色框的代码：

```
cv2.rectangle(img,(x+ex,y+ey),(x+ex+ew,y+ey+eh),(255,0,0),2)
```

修改之后运行程序，显示如图5.5所示。

图5.4 检测眼睛

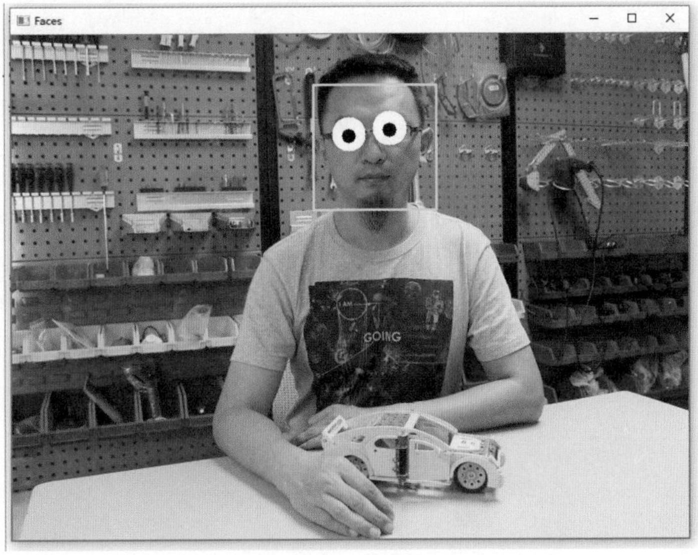

图5.5 将图像中的眼睛换成卡通形式

5.5 视频中的人脸检测

之前介绍过如何在窗口中以视频流的形式显示摄像头的信号，即以帧的形式获取并显示图像。因此，对视频进行人脸检测，就是检测每一帧图像中的人脸。我们基于之前2.3节的代码进行修改，在显示图像之后利用上一小节的内容进行人脸检测。对应的代码如下：

```
import cv2
import numpy

cap = cv2.VideoCapture(0)

classfier = cv2.CascadeClassifier("haarcascade_frontalface_default.xml")

while True:
  ret,frame = cap.read()
  if ret == True:

    grey = cv2.cvtColor(frame,cv2.COLOR_BGR2GRAY)

    faceRects = classfier.detectMultiScale(grey,scaleFactor = 1.1,minNeighbors
                                           = 3,minSize = (32,32))

    for faceRect in faceRects:                              #单独框出每一张人脸
      x,y,w,h = faceRect
      cv2.rectangle(frame,(x,y),(x+w,y+h),(255,0,0),2)

    cv2.imshow("Faces",frame)

    keyValue = cv2.waitKey(1)
    if keyValue == 113:
       break
  else:
    break

cap.release()
cv2.destroyAllWindows()
```

程序运行效果如图5.6所示。

此时，当窗口的图像中出现人脸，就会有一个方框添加在人脸区域。

有了人脸检测功能之后，我们来实现一个自动检测并录像的功能：当检测窗口中出现人脸时开始录制视频，录制时间设定为10s，如果10s之内人脸移出窗口，则继续进入人脸检测状态；如果人脸在窗口中的时间超过10s，程序就停止运行。

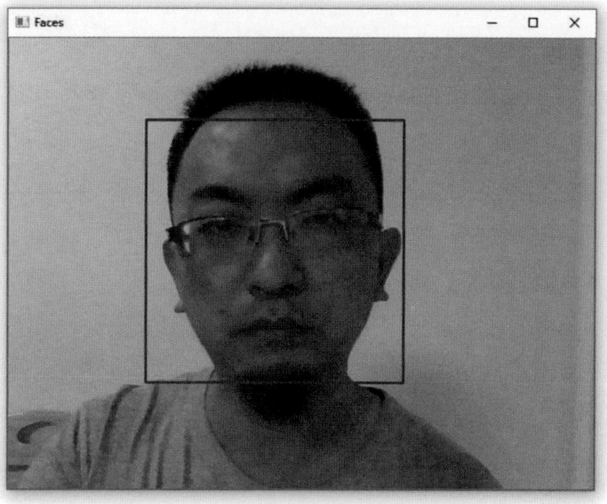

图5.6 对视频流进行人脸检测

录制或保存视频文件要用VideoWriter类来定义一个对象，之后通过对象的write函数将图像帧保存在对象中。定义VideoWriter类的对象需要四个参数，第一个参数为要保存的视频文件名。这里要注意，如果这个文件已经存在，则会被覆盖。第二个参数为视频的编码规则，常用选项如下：

（1）cv2.VideoWriter_fourcc('I','4','2','0')，未压缩的YUV颜色编码，4：2：0色度子采样。这种编码的兼容性好，但产生的文件较大，文件扩展名为.avi。

（2）cv2.VideoWriter_focurcc('P','I','M','1')，MPEG-1编码类型，文件扩展名为.avi。

（3）cv2.VideoWriter_fourcc('X','V','I','D')，MPEG-4编码类型，视频大小为平均值。MPEG–4所需的空间是MPEG–1的1/10，它对于运动物体可以保证良好的清晰度，文件扩展名为.avi。

（4）cv2.VideoWriter_fourcc('T','H','E','O')，OGGVorbis音频压缩格式，有损压缩，类似于MP3音乐格式。其兼容性差，文件扩展名为.ogv。

（5）cv2.VideoWriter_focurcc('F','L','V','1')，FLV流媒体格式，形成的文件极小，加载速度极快，文件扩展名为.flv。

说　明

fourcc意为四字符编码（Four-Character Codes），其本身是一个32位无符号数值。它用4个顺序字符表示采用的编码规则。注意，字符顺序不能颠倒。

第三个参数为视频的帧速率。第四个参数为帧的大小。

功能实现代码如下：

```
import cv2
import numpy

cap = cv2.VideoCapture(0)

fps = 25
framesRemain = 10*fps - 1
videoFlag = False
size = (int(cap.get(cv2.CAP_PROP_FRAME_WIDTH)),
        int(cap.get(cv2.CAP_PROP_FRAME_HEIGHT)))

classfier = cv2.CascadeClassifier("haarcascade_frontalface_default.xml")

while True:
  ret,frame = cap.read()
  if ret == True:

    grey = cv2.cvtColor(frame,cv2.COLOR_BGR2GRAY)

    faceRects = classfier.detectMultiScale(grey,scaleFactor = 1.1,
                                    minNeighbors = 3,minSize = (32,32))

      if len(faceRects):
        #如果检测到人脸，那么首先标识出人脸
        for faceRect in faceRects:                        #单独框出每一张人脸
          x,y,w,h = faceRect
          cv2.rectangle(frame,(x,y),(x+w,y+h),(255,0,0),2)

        #然后判断videoFlag的值
        #如果videoFlag的值为True，说明已经开始保存视频了，此时将新的帧存入文件
        if videoFlag:
          videoW.write(frame)
          framesRemain = framesRemain - 1
```

```
            if framesRemain == 0:
              break

          #如果videoFlag的值为False，说明并未开始保存视频
          #此时用VideoWriter类来定义对象并保存当前帧
          else:
            videoW = cv2.VideoWriter("MyVid.avi",
                      cv2.VideoWriter_fourcc('I','4','2','0'),fps,size)
            framesRemain = 10*fps - 1
            videoW.write(frame)
            framesRemain = framesRemain - 1

            videoFlag = True

      #如果没有检测到人脸，那么就将videoFlag 设置为False
      else:
        videoFlag = False

      cv2.imshow("Faces",frame)

      keyValue = cv2.waitKey(1)
      if keyValue == 113:
        break

    videoW.release()
    cap.release()
    cv2.destroyAllWindows()
```

上面的代码用VideoWriter类定义对象的时候，对应的要保存的视频文件名为“MyVid.avi”，视频的编码规则为cv2.VideoWriter_fourcc('I','4','2','0')，而视频的帧速率通过变量fps设定为25。最后，帧的大小通过视频类对象的方法get()获得，对应的参数分别为cv2.CAP_PROP_FRAME_WIDTH和cv2.CAP_PROP_FRAME_HEIGHT。

之后，保存视频的流程中用了一个表示视频帧是否正在保存的变量videoFlag。在能够检测到人脸的情况下，如果videoFlag的值为True，说明已经开始保存视频了，此时将新的帧存入文件；如果videoFlag的值为False，说明并未开始保存视频，此时用VideoWriter类定义对象并保存当前帧。

另外，设置帧速率的时候，由于OpenCV没有提供获取摄像头属性的方法，所以这里假设帧速率为25，同时定义一个变量framesRemain来保存要存储的帧数。因为视频录制的时间为10s，所以总帧数为10*fps-1。当变量framesRemain的值变为0的时候结束循环。

最后要注意一点，程序退出前要使用VideoWriter类的对象方法release()释放对文件的操作。

说　明

这里生成的视频文件和.py文件在相同文件夹下。

第6章　人工智能与机器学习

在前几章的基础上，本章我们稍微深入地讲讲人工智能与机器学习，以及分类器的训练与评估。

6.1　人工智能

6.1.1　什么是人工智能？

人工智能这个词实际上是一个概括性术语，是指研究利用计算机来模拟人的某些思维过程和智能行为的学科，涵盖了从高级算法到应用机器人的所有内容。1956年8月，在美国汉诺斯小镇宁静的达特茅斯学院中，约翰·麦卡锡（John McCarthy）、马文·闵斯基（Marvin Minsky）、克劳德·香农（Claude Shannon）、艾伦·纽厄尔（Allen Newell）、赫伯特·西蒙（Herbert Simon）等科学家聚在一起，讨论用机器来模仿人类学习及其他方面智能的问题。这次会议足足开了两个月的时间，虽然最终大家没有达成共识，但却提出了“人工智能”这一术语，标志着“人工智能”这门新兴学科的正式诞生。

谈到人工智能，可能大家印象最深刻的还是2016年3月，AlphaGo以4：1的总比分击败围棋世界冠军职业九段棋手李世石的场景。这标志着人工智能跨入了一个新的里程碑。而前一个里程碑应该是1997年5月11日，“深蓝”击败国际象棋大师卡斯帕罗夫。当时还有很多人说人工智能是无法在围棋上击败人类职业的围棋冠军，因为围棋的变化太多了，计算机完成不了这个数量级的计算。虽然从1997年到2016年，计算机技术依照摩尔定律突飞猛进地发展，但这并不是新里程碑出现的主要原因。AlphaGo之所以能够击败人类职业九段的围棋选手，主要是因为机器学习技术的发展。

6.1.2 什么是机器学习?

机器学习从字面上简单理解就是计算机自己学习。“深蓝”时代采用了一套所谓的“专家系统”技术，把绝大多数可能性都存在计算机中，遇到问题时计算机会搜索所有的可能性，然后选择一个最优的路线。这种技术的关键是，要预先想好所有可能出现的问题以及对应的解决方案。所以，当年的主要工作就是组织专家给出问题对应的解决方案，然后把这些方案按照权重组织在一起，形成“专家系统”。现在，我们知道这种技术有很多局限性：一方面，在复杂应用场景下建立完善的问题库往往是一个非常昂贵且耗时的过程；另一方面，很多基于自然输入的应用，如语音和图像的识别，很难以人工的方式定义具体规则。因此，现在的人工智能普遍采用的都是机器学习技术。这种技术与“专家系统”最大的区别是，我们不再告诉计算机可能出现的所有问题及问题的解决方案了，而是设定一个原则，然后给计算机输入大量的数据，让计算机自己学习如何进行决策。由于这个过程是计算机自己学习，所以称其为机器学习。可以说机器学习是实现人工智能的一种训练算法的模型，功能是让计算机能够学习如何做决策。

在“专家系统”中，我们是知道计算机如何工作的。以国际象棋举例，对应计算机的工作流程是检索所有棋谱，然后选择一个获胜概率最高的走法。如果没有计算机，换一个普通人也能完成这个过程，只是每走一步花的时间多一些而已，计算机的优势只是速度快。而对机器学习来说，计算机学习完毕之后我们是不知道其“思考”过程的，即这个过程是人类完成不了的，无论花多少时间。AlphaGo学习了人类的棋谱，而之后的AlphaGo Zero完全是自学——它一开始就没有接触过人类棋谱，研发团队只是让它自由地在棋盘上落子，然后进行自我博弈。最后的结果是，在AlphaGo Zero面前，AlphaGo完全不是对手，战绩是100：0。

6.2 人工神经网络

6.2.1 什么是人工神经网络?

机器学习是目前人工智能的主要研究方向，是使计算机具有智能的根本途径。机器学习飞速发展的主要原因是科学家开始尝试模拟人类大脑的工作方式。人类的思维功能定位在大脑皮层，大脑皮层含有约上千亿个神经元，每个神经元又通过神经突触与数十上百个其他神经元相连，形成一个高度复杂、高度灵活的动态网络。通过对人脑神经网络的结构、功能及其工作机制的研究，科学家在计算机中实现了一个人工神经网络（ANN）。这是生物神经网络在某种简化意义下的技术复现，作为一门学科，人工神经网络的主要任务是根据生物神经网络的原理和实际应用需要，利用代码构建实用的人工神经网络模型，设计相应的学习算法，模拟人脑的某种智能活动，然后在技术上实现出来用以解决实际问题。

人工智能、机器学习、人工神经网络的关系如图6.1所示。

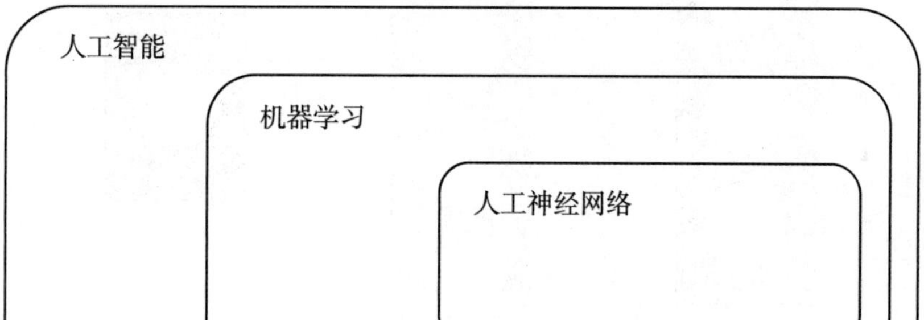

图6.1　人工智能、机器学习、人工神经网络的关系

神经网络算法源于神经生理学家莫克罗（W·Mcculloch）和数理逻辑学家彼特（W·Pitts）联合发表的一篇论文，他们对人类神经元的运行规律提出了一个猜想，并尝试通过建模来模拟人类神经元的运行规律。神经网络算法一开始由于求解问题的不稳定及范围有限被抛弃，后来随着GPU发展带来计算能力的提升，其获得了爆发式的发展。

下面，我们通过一些分析来理解和描述一下人工神经网络。首先，人工神经网络是一个统计模型，是数据集S与概率P的对应关系，P是S的近似分布。也就是说，通过P能够产生一组与S非常相似的结果。这里，P并不是一个单独的函数。人工神经网络由大量的节点（或称神经元）相互连接构成，每个节点都代表一种特定的函数——激励函数（activation function）。每两个节点间的连接都代表一个对于通过该连接信号的加权值，即权重。而P就是由所有这些激励函数以及节点之间的权重构成的，这相当于人工神经网络的记忆。人工神经网络的输出依网络的连接方式、权重值和激励函数的不同而不同。而人工神经网络自身通常都是对自然界某种算法或者函数的逼近，也可能是对一种逻辑策略的表达。

6.2.2　人工神经网络的结构

人工神经网络的结构如图6.2所示。

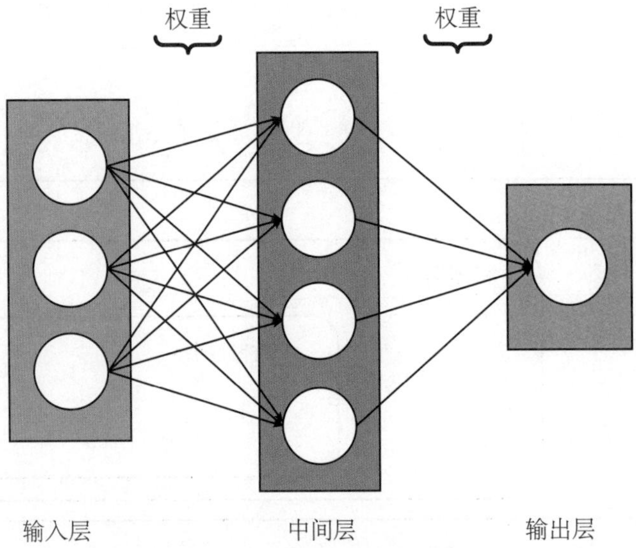

图6.2　人工神经网络的结构

简单来说，人工神经网络有三个不同的层：输入层、中间层（或者称为隐藏层）和输出层。

输入层定义了人工神经网络的输入节点的数量。例如，我们希望创建一个人工神经网络来根据给定的属性判断动物属于哪种，属性包括体重、长度、食草还是食肉、生活在水中还是陆地上、会不会飞。如果是这五种属性，则输入层的节点数量就是5。

中间层包含了处理信息的节点。中间层可以有很多个，但大多数问题通常只需要一个中间层。确定中间层的节点数，有很多经验性方法，但没有严格的准则。实际应用中经常会根据经验设置不同的节点数量来测试网络，最后选择一个最适合的方式。

输出层的定义与输入层类似，是人工神经网络的输出节点的数量。例如，要创建一个根据给定的属性判断动物属于哪种的人工神经网络，若确定分类的动物为狗、老鹰、海豚，则输出层的节点数量就是3。如果输入的数据不属于这些类别，网络将返回与这三种动物最相似的类别。

创建人工神经网络的一般规则如下：

（1）中间层的节点数量应介于输入层节点数量和输出层节点数量之间。根据经验，如果输入层的大小与输出层大小相差很大，那么中间层节点数量最好与输出层节点数量相近。

（2）同一层的节点之间没有连接。第N层的每个节点都与第$N-1$层的所有节点连接，第$N-1$层神经元的输出就是第N层神经元的输入。每个节点的连接都有一个权值。

（3）对于相对较小的输入层，中间层的节点数量最好是输入层和输出层节点数量之和的2/3，或者小于输入层节点数量的2倍。

这里要注意被称为“过拟合”的现象，即为了得到对应的结果而使待分类训练数据信息过度严格。避免过拟合是分类器设计的一个核心任务。通常采用增大数据量和测试样本集的方法对分类器性能进行评价，当然，这样需要更长的训练时间。

6.3　监督式学习与非监督式学习

机器学习既然被称为“学习”，那么必然有一个利用数据进行训练和学习的过程。机器学习大体上可分为监督式学习和非监督式学习。简单来说，监督式学习就是由人来监督机器学习的过程，而非监督式学习就是人尽量不参与机器学习的过程。

监督式学习使用的数据都是有输入和预期输出标记的。使用监督式学习训练人工智能时，需要提供一个输入并告诉它预期的输出结果。如果产生的输出结果是错误的，就需要重新调整自己的计算。在这个过程中，数据集不断迭代，直到不再出错。

监督式学习的任务通常分为回归（Regression）与分类（Classification）两类，分别对应定量输出与定性输出。它们的区别在于，分类的目标变量是离散的（标称型），而回归的目标变量是连续的。若输出是离散的，学习任务就是分类任务；若输出是连续的，学习任务就是回归任务。

在监督式学习中，分类任务的典型例子是让计算机识别圆形、矩形和三角形。训练时，我们会给计算机提供很多带有标记的图片数据，这些标记表示图片是圆形还是矩形，或者是三角形。这些数据被认为是一个训练数据集，要等到计算机能够以可接受的速率成功地对图片进行分类之后，训练过程才算结束。而回归任务的典型例子就是预测。例如，预测北京的房价，每套房源都是一个样本，样本数据包含每个样本的特征，如房屋面积、建筑年代等，房价就是目标变量，通过拟合房价的曲线预测房价，预测值越接近真实值越好。

非监督式学习是利用既不分类也不标记的信息进行机器学习，并允许算法在没有指导的情况下对这些信息进行操作。使用非监督式学习训练时，可以让人工智能对数据进行逻辑分类。这里，机器的任务是根据相似性和差异性对未排序的信息进行分组，不需要事先对数据进行处理。

如果利用非监督式学习让计算机来识别圆形、矩形和三角形，那么计算机可以根据图形的边数、两条边之间的夹角等特征将相似的对象分到同一个组，以完成分类，这叫做“聚类分析”。聚类分析是众所周知的提取此类特征的方法。根据数据的特征和关键元素，我们将数据分为未定义的组（集群）。

在聚类分析过程中，我们将根据大量数据发现一组相似的特征和属性，而不是根据事先明确的特征对数据进行分类。作为被收集的结果，它可以是圆形组或三角形组，又或者是矩形组。但是，人类不可能理解计算机用于分组的特征。聚集这个组的原因可能不是人类对圆形、矩形、三角形的理解。

这种可以从大量数据中找出特征和关键元素的非监督式学习，也可以用于商业趋势分析和未来预测。例如，对下一个购买某物品的人进行聚类分析，可以将其作为“推荐物品”呈现给购买相同物品的人。最近，购物网站都加入了这种AI推荐功能。

还有另一种机器学习方法，即所谓的“强化学习”。和非监督式学习一样，强化学习也没有正确答案的标记。这种方式通过反复试错来推进学习，就像一个人学习如何骑自行车。这个方式不是简单地知道正确答案，而是通过反复练习来获取正确的骑行方式。强化学习会通过成功时给予的“奖励”告诉计算机当时的方法是成功的，并使其成为学习的目标。这样，为了更有效率地成功，机器会自动学习，以提高成功率。

6.4 OpenCV中的人工神经网络

本节我们通过一个简单的例子来介绍如何创建及应用人工神经网络。示例代码如下：

```
import cv2
import numpy

ann = cv2.ml.ANN_MLP_create()
ann.setLayerSizes(numpy.array([7,5,7],dtype = numpy.uint8))
ann.setTrainMethod(cv2.ml.ANN_MLP_BACKPROP)

ann.train(numpy.array([[1.2,1.3,1.9,2.2,2.4,3.0,2.5]],dtype = numpy.float32),
          cv2.ml.ROW_SAMPLE,
          numpy.array([[0,0,0,0,0,1,0]],dtype = numpy.float32))

print(ann.predict(numpy.array([[1.5,2.1,1.8,2.5,2.8,2.1,2.5]],
                              dtype = numpy.float32)))
```

机器学习的应用大致可分为三步：

（1）设置学习模型。

（2）创建训练数据并进行训练。

（3）预测（或识别）。

基于这三个步骤，这段代码的开头先创建了一个人工神经网络。由于人工神经网络在OpenCV的ml（机器学习）模块中，因此，创建人工神经网络的代码为

```
ann = cv2.ml.ANN_MLP_create()
```

程序中，MLP代表多层感知机（multilayer perceptron）——可以简单地理解为具有处理机制的节点。

接着，设置人工神经网络各层的大小以及学习模型：

```
ann.setLayerSizes(numpy.array([7,5,7],dtype = numpy.uint8))
ann.setTrainMethod(cv2.ml.ANN_MLP_BACKPROP)
```

代码通过对象的方法setLayerSizes()设置人工神经网络各层的大小，数组中的第一个数为输入层的大小，这里是7个节点；第二个数为中间层的大小，这里是5个节点；第三个数为输出层的大小，这里是7个节点。学习模型通过对象的方法setTrainMethod()来设置，这里采用反向传播算法cv2.ml.ANN_MLP_BACKPROP。简单来说，反向传播算法会根据分类误差来改变权重。反向传播算法可分为两个阶段，一是计算预测误差，并在输入层和输出层两个方向上更新网络；二是更新相应的权重。

然后进行第二步，创建训练数据并进行训练，对应的代码如下：

```
ann.train(numpy.array([[1.2,1.3,1.9,2.2,2.4,3.0,2.5]],dtype = numpy.float32),
          cv2.ml.ROW_SAMPLE,
          numpy.array([[0,0,0,0,0,1,0]],dtype = numpy.float32))
```

训练使用对象的方法train()进行，训练时需要提供训练的数据以及对应输出的预期标记。由于前面设置的输入层大小是7，所以需要提供7个输入数据。同时，由于输出层大小也是7，所以输出的预期标记也是7个。

输出的元素为0或1，为1时表示与输入相关联的类别。

最后一步是预测（或识别），需要使用对象的方法predict()，对应的代码如下：

```
print(ann.predict(numpy.array([[1.5,2.1,1.8,2.5,2.8,2.1,2.5]],dtype
      = numpy.float32)))
```

预测时需要提供进行预测的数据，这个数据同样也是7个，上述代码还通过print()函数输出显示预测的结果：

```
(5.0,array([[0.19201872,0.07995541,-0.1728928,0.1472807,-0.1932555,
              1.0411057,-0.1267532]],dtype = float32))
```

上述结果意味着输入被预测为类别5。这只是一个简单的例子，没有实际意义，但可以测试人工神经网络能否正常运行。这段代码只提供了一个训练数据，训练数据的分类标记是5（第一个分类标记为0，因此[0,0,0,0,0,1,0]表示的分类标记就是5）。

输出的预测结果是一个元组，元组中的第一个值是分类标记；第二个值是一个数组，表示输入的数据属于每个类的概率，其中预测分类的值最大（这里为1.0411057）。

想增加训练数据时，可以直接添加到对象的方法train()中，示例代码如下：

```
import cv2
import numpy

ann = cv2.ml.ANN_MLP_create()
ann.setLayerSizes(numpy.array([7,5,7],dtype = numpy.uint8))
ann.setTrainMethod(cv2.ml.ANN_MLP_BACKPROP)

ann.train(numpy.array([[1.2,1.3,1.9,2.2,2.4,3.0,2.5],
                       [1.4,3.0,1.8,2.3,2.5,2.6,1.9],
                       [1.8,2.8,3.0,2.1,1.7,1.4,2.3]],dtype = numpy.float32),
          cv2.ml.ROW_SAMPLE,
          numpy.array([[0,0,0,0,0,1,0],
                       [0,1,0,0,0,0,0],
                       [0,0,1,0,0,0,0]],dtype = numpy.float32))


print(ann.predict(numpy.array([[1.5,2.1,1.8,2.5,2.8,2.1,2.5]],dtype
      = numpy.float32)))
```

这里又添加了两个训练数据，分类标记分别为1（[0,1,0,0,0,0,0]）和2（[0,0,1,0,0,0,0]）。经过三个数据训练之后，最后的预测结果如下：

```
(0.0,array([[0.38536948,nan,nan,0.08094333,-0.16250265,
            nan,0.04049274]],dtype = float32))
```

上述结果意味着输入被预测为类别0。

6.5　scikit-learn

scikit-learn简称sklearn，是机器学习领域最知名的Python模块之一。sklearn主要是用Python编写的，并且广泛使用NumPy进行高性能的线性代数和数组运算，具有机器学习所需的回归、分类、聚类等算法。sklearn的官方网站（http://scikit-learn.org）上有很多机器学习的例子，是学习sklearn的好平台，如图6.3所示。

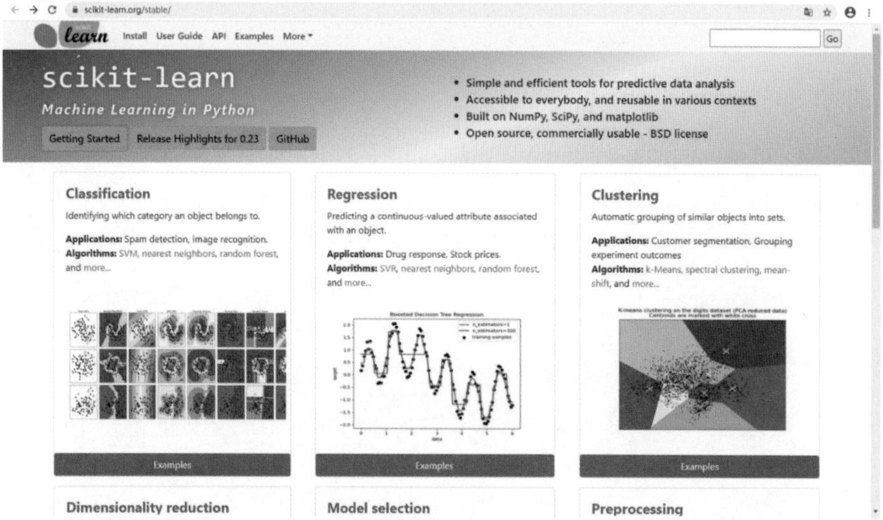

图6.3　sklearn的官方网站

sklearn模块也是由第三方提供的，因此使用前要先安装。在Windows系统中打开cmd命令行工具，然后在其中输入：

```
pip install -U scikit-learn
```

说　明

-U表示升级，不带U不会安装最新版本，带U会更新到最新版本。

安装后如图6.4所示。

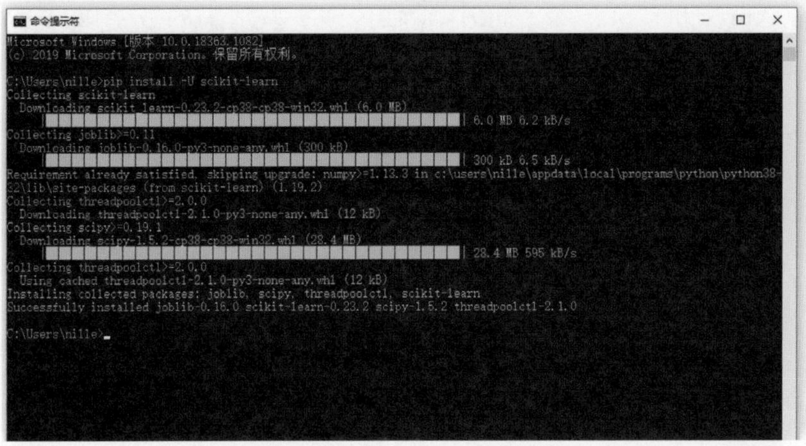

图6.4 安装scikit-learn

sklearn与许多Python库集成在一起，安装时会顺带安装一些其他的模块。不过，这里还是要额外安装一个模块——matplotlib，使用这个模块可以在图形中显示计算结果。

要安装matplotlib模块，可以在cmd命令行工具中输入

```
pip install -U matplotlib
```

安装matplotlib模块时显示内容比较多，如图6.5所示。

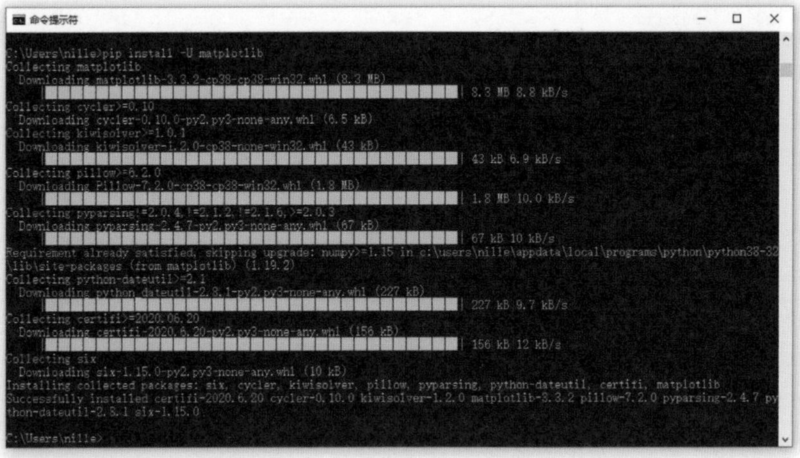

图6.5 安装matplotlib模块

安装模块之后，我们尝试制作一个简单的折线图。基本过程就是，先导入matplotlib.pyplot，接着使用plot函数的参数指定*x*轴和*y*轴，并使用show函数显示数据。例如，这里给*x*轴传递月份名称“Jan”“Feb”

“Mar”“Apr”和“May”，同时给y轴传递一些适当的数字以显示每个月的数字变化曲线。对应的操作如下：

```
>>>import matplotlib.pyplot as plt
>>>x = ['Jan','Feb','Mar','Apr','May']
>>>y = [100,200,150,240,300]
>>>plt.plot(x,y)
[<matplotlib.lines.Line2D object at 0x1520AB20>]
>>>plt.show()
```

最后，显示的图像如图6.6所示。

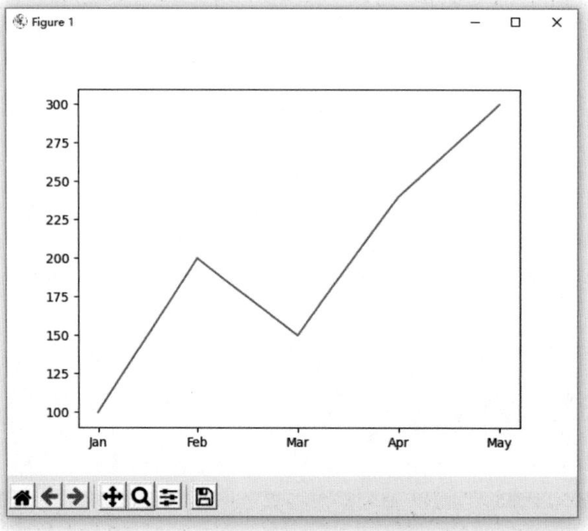

图6.6　制作一个简单的折线图

这是一个新打开的窗口，窗口中还有一些操作的按钮，可以缩放显示以及更改格式。

> **说　明**
>
> 在mPython中安装sklearn模块的方法与安装OpenCV模块类似，对应的sklearn模块在“人工智能”分类中，而matplotlib模块在“图表”分类中。

第7章　手写文字的图像识别

sklearn本身有很多数据库，可以用来练习。现在，我们尝试完成一个机器学习的分类器训练过程。本章，我们将创建一个手写文字的图像识别程序——当然，使用sklearn。

7.1　MNIST手写数字数据库

训练用的数据也在sklearn上，是数字化的手写数字的图像数据和附加在每个图像上的标签数据，这也就是用于监督式学习的数据集。原始数据以“MNIST”名称发布（http://yann.lecun.com/exdb/mnist/），不过sklearn提供了一个简化版本。详情请参照网站scikit-learn.org，如图7.1所示。

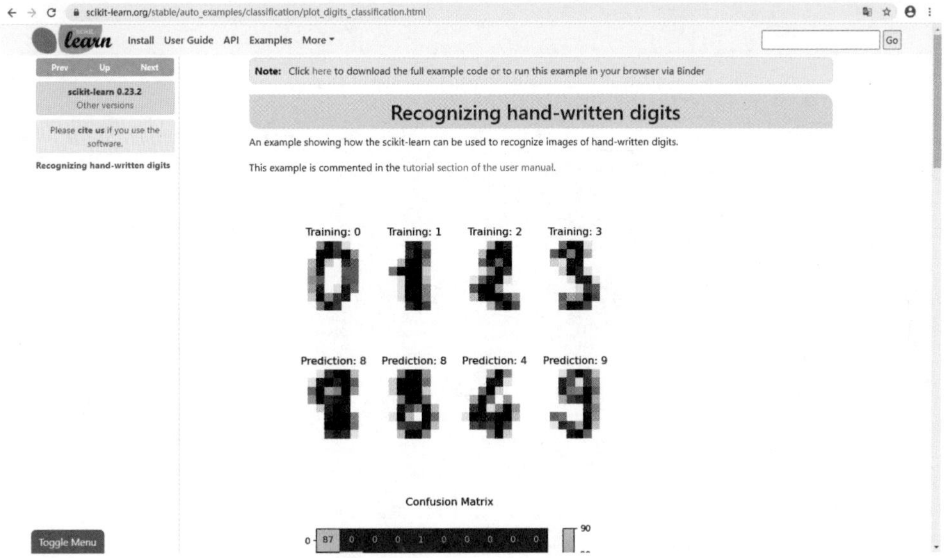

图7.1　网站scikit-learn.org上手写数字数据的说明

下面，先检查一下digits数据集的内容。我们在IDLE中进行简单操作。

首先，导入sklearn.datasets模块并使用load_digits函数加载它，之后使用dir函数查看其包含的数据。操作如下：

```
>>>from sklearn.datasets import load_digits
>>>digits = load_digits()
```

```
>>>dir(digits)
['DESCR','data','feature_names','frame','images','target','target_names']
>>>
```

可以看到，digits数据集由五个元素组成。其中，“DESCR”是说明，“data”是特征量，“images”是8×8=64点的图像，“target”是正确答案数据，“target_names”是正确答案的字符（数字类型）。

特征量（data）是一个NumPy多维数组，我们可以使用shape属性检查它的维数。操作如下：

```
>>>digits.data.shape
(1797,64)
>>>
```

由此可见，其中包含了1797个8×8的特征量数据，这1797个正确答案的标签（0～9）位于“target”中。如果要查看它们的值，可以进行以下操作：

```
>>>digits.target
array([0,1,2,...,8,9,8])
>>>
```

通过显示可以看到，第一个正确的答案数据是0，第二个是1，第三个是2，依此类推。这里的显示省略了中间的数据。

我们首先查看数据0。64个像素大小的图像在“images”中，其特征量在“data”中，因此，可以通过指定序列号0来检查每项的内容：

```
>>>digits.images[0]
array([[0.,0.,5.,13.,9.,1.,0.,0.],
       [0.,0.,13.,15.,10.,15.,5.,0.],
       [0.,3.,15.,2.,0.,11.,8.,0.],
       [0.,4.,12.,0.,0.,8.,8.,0.],
       [0.,5.,8.,0.,0.,9.,8.,0.],
       [0.,4.,11.,0.,1.,12.,7.,0.],
       [0.,2.,14.,5.,10.,12.,0.,0.],
       [0.,0.,6.,13.,10.,0.,0.,0.]])
>>>digits.data[0]
array([0.,0.,5.,13.,9.,1.,0.,0.,0.,0.,13.,15.,10.,
       15.,5.,0.,0.,3.,15.,2.,0.,11.,8.,0.,0.,4.,
       12.,0.,0.,8.,8.,0.,0.,5.,8.,0.,0.,9.,8.,
        0.,0.,4.,11.,0.,1.,12.,7.,0.,0.,2.,14.,5.,
```

```
        10.,12.,0.,0.,0.,0.,6.,13.,10.,0.,0.,0.])
>>>
```

比较显示结果会发现，两者的数字是相同的，差异是一个为二维数组，一个为一维数组。如果将digits.images[0]的数据变成一维数据，则完全与digits.data[0]相同。

此外，利用之前介绍的matplotlib模块，可以在另一个窗口中显示这个图像。按顺序执行以下代码：

```
>>>import matplotlib.pyplot as plt
>>>plt.imshow(digits.images[0],cmap = plt.cm.gray_r)
<matplotlib.image.AxesImage object at 0x163C86B8>
>>>plt.show()
```

这里以灰度值读取digits数据集的第一个图像数据，对应的显示内容如图7.2所示。

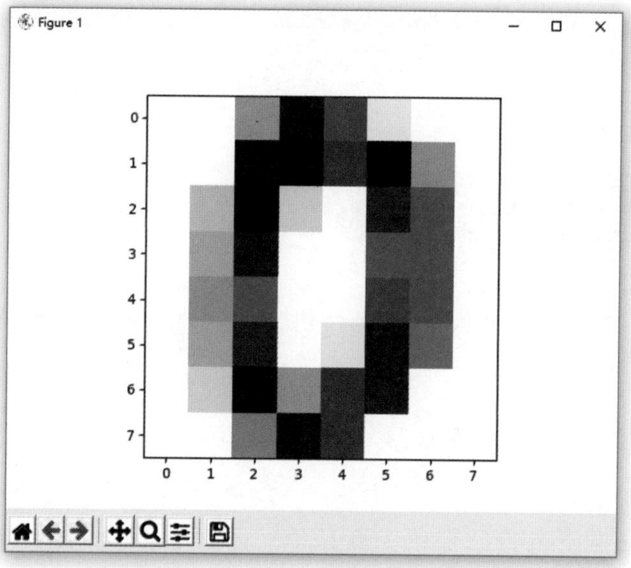

图7.2 以灰度值读取digits数据集的第一个图像数据

7.2 创建训练和评估数据

接下来，要将digits数据集分为“训练用的”和“评估用的”。虽然可以使用所有数据进行机器学习，但是这样就需要另外准备用来评估（测试）完成的学习模型的数据。因此，可以将已经读取的1797个数据分为训练数据和评估数据，通过训练数据进行训练学习，通过评估数据评估学习结果。

分割数据可以使用sklearn.model_selection模块的train_test_split函数，对应的操作如下：

```
>>>from sklearn.model_selection import train_test_split
>>>X_train,X_test,y_train,y_test = train_test_split(digits['data'],
digits['target'],test_size = 0.3,random_state = 0)
>>>
```

这样，打乱1797个数据，并将其中的30%划分为评估数据，其余部分划分为训练数据。第二行代码在纸面上分成两行，但其实是一行。分配比例是由test_size=0.3决定的，而random_state设置的是随机数的种子。digits.data中用于训练的数据保存在X_train中，用于评估的数据保存在X_test中。而digits.target中用于训练的数据保存在y_train中，用于评估的数据保存在y_test中。

7.3　机器学习的训练

训练数据准备好了，那就开始进行机器学习吧。sklearn中有许多机器学习对象。这次，我们使用MLPClassifier对象生成机器学习模型。

MLPClassifier对象由多层感知器（MLP）的方法实现，并使用MLPClassifier函数创建。MLPClassifier函数具有许多参数，如果只是想先尝试一下，可以将所有参数保留为默认值。不过，默认的max_iter（最大尝试次数）的值太小了，最好在参数中将其设为1000。执行以下操作，进行机器学习：

```
>>>from sklearn.neural_network import MLPClassifier
>>>mlpc = MLPClassifier(max_iter = 1000)
>>>mlpc.fit(X_train,y_train)
MLPClassifier(max_iter = 1000)
>>>
```

说 明

由于学习是在后台进行，所以这里看不到详细的学习信息。有关MLPClassifier函数的详细信息，请参考：

https://scikit-learn.org/stable/modules/generated/sklearn.neural_network.MLPClassifier.html

7.4 机器学习的预测

学习完毕，来看一下学习的成果。首先，让学习模型判断要评估的特征量数据（X_test）。为此，执行以下代码：

```
pred = mlpc.predict(X_test)
```

现在，所有图像数据的识别结果都以数组的形式存储在pred中。我们可以输入pred并按下回车键来查看数据内容：

```
>>>pred
array([2,8,2,6,6,7,1,9,8,5,2,8,6,6,6,6,1,0,5,8,8,7,
       8,4,7,5,4,9,2,9,4,7,6,8,9,4,3,1,0,1,8,6,7,7,
       1,0,7,6,2,1,9,6,7,9,0,0,9,1,6,3,0,2,3,4,1,9,
       7,6,9,1,8,3,5,1,2,8,2,2,9,7,2,3,6,0,9,3,7,5,
       1,2,9,9,3,1,4,7,4,8,5,8,5,5,2,5,9,0,7,1,4,7,
       3,4,8,9,7,9,8,2,1,5,2,5,9,4,1,7,0,6,1,5,5,9,
       9,5,9,9,5,7,5,6,2,8,6,7,6,1,5,1,5,9,9,1,5,3,
       6,1,8,9,8,7,6,7,6,5,6,0,8,8,9,8,6,1,0,4,1,6,
       3,8,6,7,4,9,6,3,0,3,3,3,0,7,7,5,7,8,0,7,8,9,
       6,4,5,0,1,4,6,4,3,3,0,9,5,9,2,1,4,2,1,6,8,9,
       2,4,9,3,7,6,2,3,3,1,6,9,3,6,3,2,2,0,7,6,1,1,
       9,7,2,7,8,5,5,7,5,2,8,7,2,7,5,5,7,0,9,1,6,5,
       9,7,4,3,8,0,3,6,4,6,3,2,6,8,8,8,4,6,7,5,2,4,
       5,3,2,4,6,9,4,5,4,3,4,6,2,9,0,1,7,2,0,9,6,0,
       4,2,0,7,9,8,5,4,8,2,8,4,3,7,2,6,9,1,5,1,0,8,
       2,4,9,5,6,8,2,7,2,1,5,1,6,4,5,0,9,4,1,1,7,0,
       8,9,0,5,4,3,8,8,6,5,3,4,4,4,8,8,7,0,9,6,3,5,
       2,3,0,8,8,3,1,3,3,0,0,4,6,0,7,7,6,2,0,4,4,2,
       3,7,8,9,8,6,9,5,6,2,2,3,1,7,7,8,0,3,3,2,1,5,
       5,9,1,3,7,0,0,7,0,4,5,9,3,3,4,3,1,8,9,8,3,6,
```

```
       2,1,6,2,1,7,5,5,1,9,2,9,9,7,2,1,4,9,3,2,6,2,
       5,9,6,5,8,2,0,7,8,0,5,8,4,1,8,6,4,3,4,2,0,4,
       5,8,3,9,1,8,3,4,5,0,8,5,6,3,0,6,9,1,5,2,2,1,
       9,8,4,3,3,0,7,8,8,1,1,3,5,5,8,4,9,7,8,4,4,9,
       0,1,6,9,3,6,1,7,0,6,2,9])
>>>
```

另一方面，用于评估的正确答案数据存储在y_test中。我们可以输入y_test并按下回车键来查看正确答案的数据内容：

```
>>>y_test
array([2,8,2,6,6,7,1,9,8,5,2,8,6,6,6,6,1,0,5,8,8,7,
       8,4,7,5,4,9,2,9,4,7,6,8,9,4,3,1,0,1,8,6,7,7,
       1,0,7,6,2,1,9,6,7,9,0,0,5,1,6,3,0,2,3,4,1,9,
       2,6,9,1,8,3,5,1,2,8,2,2,9,7,2,3,6,0,5,3,7,5,
       1,2,9,9,3,1,7,7,4,8,5,8,5,5,2,5,9,0,7,1,4,7,
       3,4,8,9,7,9,8,2,6,5,2,5,8,4,8,7,0,6,1,5,9,9,
       9,5,9,9,5,7,5,6,2,8,6,9,6,1,5,1,5,9,9,1,5,3,
       6,1,8,9,8,7,6,7,6,5,6,0,8,8,9,8,6,1,0,4,1,6,
       3,8,6,7,4,5,6,3,0,3,3,3,0,7,7,5,7,8,0,7,8,9,
       6,4,5,0,1,4,6,4,3,3,0,9,5,9,2,1,4,2,1,6,8,9,
       2,4,9,3,7,6,2,3,3,1,6,9,3,6,3,2,2,0,7,6,1,1,
       9,7,2,7,8,5,5,7,5,2,3,7,2,7,5,5,7,0,9,1,6,5,
       9,7,4,3,8,0,3,6,4,6,3,2,6,8,8,8,4,6,7,5,2,4,
       5,3,2,4,6,9,4,5,4,3,4,6,2,9,0,1,7,2,0,9,6,0,
       4,2,0,7,9,8,5,4,8,2,8,4,3,7,2,6,9,1,5,1,0,8,
       2,1,9,5,6,8,2,7,2,1,5,1,6,4,5,0,9,4,1,1,7,0,
       8,9,0,5,4,3,8,8,6,5,3,4,4,4,8,8,7,0,9,6,3,5,
       2,3,0,8,3,3,1,3,3,0,0,4,6,0,7,7,6,2,0,4,4,2,
       3,7,8,9,8,6,8,5,6,2,2,3,1,7,7,8,0,3,3,2,1,5,
       5,9,1,3,7,0,0,7,0,4,5,9,3,3,4,3,1,8,9,8,3,6,
       2,1,6,2,1,7,5,5,1,9,2,8,9,7,2,1,4,9,3,2,6,2,
       5,9,6,5,8,2,0,7,8,0,5,8,4,1,8,6,4,3,4,2,0,4,
       5,8,3,9,1,8,3,4,5,0,8,5,6,3,0,6,9,1,5,2,2,1,
       9,8,4,3,3,0,7,8,8,1,1,3,5,5,8,4,9,7,8,4,4,9,
       0,1,6,9,3,6,1,7,0,6,2,9])
>>>
```

从头开始比较这两个数组，就能确认答案是否正确。我们可以输入(pred == y_test)进行检查：

```
>>>(pred == y_test)
array([ True,True,True,True,True,True,True,True,True,
```

```
True,True,True,True,True,True,True,True,True,
True,True,True,True,True,True,True,True,True,
True,True,True,True,True,True,True,True,True,
True,True,True,True,True,True,True,True,True,
True,True,True,True,True,True,True,True,True,
True,True,False,True,True,True,True,True,True,
True,True,True,False,True,True,True,True,True,
True,True,True,True,True,True,True,True,True,
True,True,True,False,True,True,True,True,True,
True,True,True,True,False,True,True,True,True,
True,True,True,True,True,True,True,True,True,
True,True,True,True,True,True,True,True,True,
True,False,True,True,True,False,True,False,True,
True,True,True,True,False,True,True,True,True,
True,True,True,True,True,True,True,True,False,
True,True,True,True,True,True,True,True,True,
True,True,True,True,True,True,True,True,True,
True,True,True,True,True,True,True,True,True,
True,True,True,True,True,True,True,True,True,
True,False,True,True,True,True,True,True,True,
True,True,True,True,True,True,True,True,True,
True,True,True,True,True,True,True,True,True,
True,True,True,True,True,True,True,True,True,
True,True,True,True,True,True,True,True,True,
True,True,True,True,True,True,True,True,True,
True,True,True,True,True,True,True,True,True,
True,True,True,True,True,True,True,True,True,
False,True,True,True,True,True,True,True,True,
True,True,True,True,True,True,True,True,True,
True,True,True,True,True,True,True,True,True,
True,True,True,True,True,True,True,True,True,
True,True,True,True,True,True,True,True,True,
True,True,True,True,True,True,True,True,True,
True,True,True,True,True,True,True,True,True,
True,True,True,True,True,True,True,True,True,
True,True,True,True,True,True,True,False,True,
True,True,True,True,True,True,True,True,True,
True,True,True,True,True,True,True,True,True,
True,True,True,True,True,True,True,True,True,
True,True,True,True,True,True,True,True,True,
True,True,True,True,True,True,True,True,True,
False,True,True,True,True,True,True,True,True,
True,True,True,True,True,True,True,True,True,
```

```
        True,True,True,True,True,True,False,True,True,
        True,True,True,True,True,True,True,True,True,
        True,True,True,True,True,True,True,True,True,
        True,True,True,True,True,True,True,True,True,
        True,True,True,True,True,True,True,True,True,
        True,True,True,True,True,True,True,True,True,
        True,False,True,True,True,True,True,True,True,
        True,True,True,True,True,True,True,True,True,
        True,True,True,True,True,True,True,True,True,
        True,True,True,True,True,True,True,True,True,
        True,True,True,True,True,True,True,True,True,
        True,True,True,True,True,True,True,True,True,
        True,True,True,True,True,True,True,True,True,
        True,True,True,True,True,True,True,True,True,
        True,True,True,True,True,True,True,True,True,
        True,True,True,True,True,True,True,True,True])
>>>
```

上述代码将识别结果（pred）与正确答案（y_test）的比较结果显示为True或False的数组。其中，False表示不正确。

作为参考，可以试着显示不正确的图像。这需要找出上述数组中False元素出现的序列号。利用enumerate函数可以同时获得数组序列号和元素，因此可以使用这个函数和for语句按顺序查找：

```
>>>for i,p in enumerate(pred == y_test):
        if p == False:
          print("正确的数字为：")
          print(y_test[i])
          print("识别出的数字为：")
          print(pred[i])
          img = numpy.reshape(X_test[i],(8,8))
          plt.imshow(img,cmap = plt.cm.gray_r)
          plt.show()
          break


正确的数字为：
5
识别出的数字为：
9
<matplotlib.image.AxesImage object at 0x14BBDC70>
```

这段程序先找到错误答案数据的序列号，接着显示正确的数字以及识别出的数字，然后将与该序列号对应的X_test数据转换为8×8的二维数组。如前所述，X_test的特征量数据与一维化的图像数据相同，将这个操作反过来就可以生成图像数据。这里能看到正确的数字是5，但识别出来是9，而图像如图7.3所示。

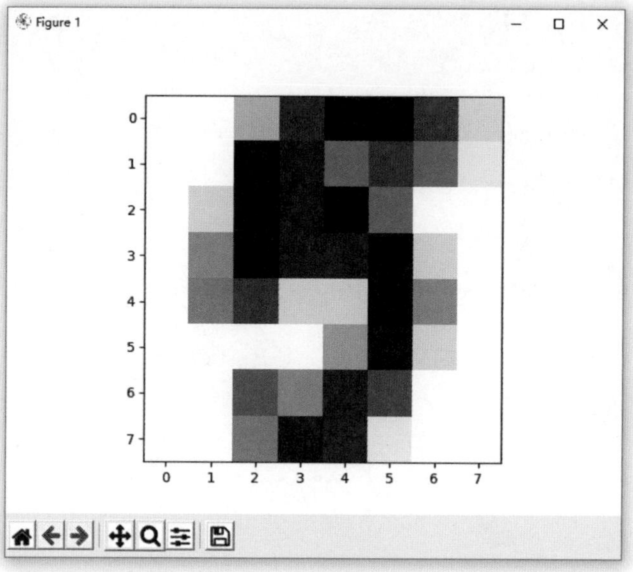

图7.3 以灰度值读取digits数据集中识别错误的数字图像

另外，我们还可以评估整体识别的准确性。具体操作是，将识别结果与正确答案进行比较，并使用mean函数计算结果True（1）和False（0）的平均值。具体操作如下：

```
>>>numpy.mean(pred == y_test)
0.9722222222222222
>>>
```

可见，正确率约为97.2%。

进一步，还可以找出错误答案都是把具体的数字错认成了什么数字。我们可以使用sklearn.metrics模块中的confusion_matrix函数查看学习模型是如何识别图像的，具体操作如下：

```
>>>from sklearn.metrics import confusion_matrix
>>>confusion_matrix(y_test,pred,labels = digits['target_names'])
array([[45,0,0,0,0,0,0,0,0,0],
```

```
       [ 0,51,0,0,1,0,0,0,0,0],
       [ 0,0,52,0,0,0,0,1,0,0],
       [ 0,0,0,52,0,0,0,0,2,0],
       [ 0,0,0,0,48,0,0,0,0,0],
       [ 0,0,0,0,0,54,0,0,0,3],
       [ 0,1,0,0,0,0,59,0,0,0],
       [ 0,0,0,0,1,0,0,52,0,0],
       [ 0,1,0,0,0,0,0,0,57,3],
       [ 0,0,0,0,0,1,0,1,0,55]],dtype = int64)
>>>
```

这里，第一行表示数字0的识别情况，第二行表示数字1的识别情况，第三行表示数字2的识别情况……以此类推，最后一行表示数字9的识别情况。从这个结果能够看出，每个数字的具体识别情况如下：

（1）用于评估的数据中有45个数据0，这些数据全都识别正确。

（2）用于评估的数据中有52（51+1）个数据1，其中51个被识别为1，1个被识别为4（第5列）。

（3）用于评估的数据中有53个数据2，其中52个被识别为2，1个被识别为7。

（4）用于评估的数据中有54个数据3，其中52个被识别为3，2个被识别为8。

（5）用于评估的数据中有48个数据4，这些数据全都识别正确。

（6）用于评估的数据中有57个数据5，其中54个被识别为5，3个被识别为9。

（7）用于评估的数据中有60个数据6，其中59个被识别为6，1个被识别为1。

（8）用于评估的数据中有53个数据7，其中52个被识别为7，1个被识别为4。

（9）用于评估的数据中有61个数据8，其中57个被识别为8，1个被识别为1，3个被识别为9。

（10）用于评估的数据中有57个数据9，其中55个被识别为9，1个被识别为5，1个被识别为7。

这样，我们就完成了一个机器学习的分类器训练过程。至于正确率的高低，还需要和其他机器学习算法进行比较。

7.5 分类器的保存与读取

如果希望保存训练好的学习模型，作为之后使用的分类器，那么可以使用joblib模块中的dump函数：

```
>>>import joblib
>>>joblib.dump(mlpc,"mlpc.pkl")
['mlpc.pkl']
>>>
```

由于要使用joblib模块，所以先导入joblib，然后使用dump函数保存学习模型。其中，函数的第一个参数是之前创建的学习模型，第二个参数为保存在本地的文件名。

要加载一个已保存的学习模型作为分类器，可以使用joblib模块中的load函数：

```
>>>import joblib
>>>joblib.load("mlpc.pkl")
MLPClassifier(max_iter = 1000)
>>>
```

在程序中，通常要将函数的返回值保存在一个表示分类器的变量中。

7.6 使用OpenCV检测手写数字

有了分类器，本节通过OpenCV实现手写数字的检测。整个操作大概分为以下五个步骤：

（1）读入图片。

（2）将图片转换为单通道的二值图像。

（3）轮廓检测，分割出表示数字的图片。

（4）虚化分割出来的图片。

（5）修改分割出的图片大小，调用之前分类器进行检测。

实际操作上先实现（1）~（3）步。轮廓检测主要由findContours函数实现，示例代码如下：

```
import cv2
import numpy

img = cv2.imread("numtest.png")
cv2.imshow("original",img)

canny_img = cv2.Canny(img,50,150)

contours,hierarchy = cv2.findContours(canny_img,cv2.RETR_TREE,
                                      cv2.CHAIN_APPROX_SIMPLE)

for c in contours:
  x,y,w,h = cv2.boundingRect(c)
  cv2.rectangle(img,(x,y),(x+w,y+h),(255,0,0),2)

cv2.imshow("Number",img)
cv2.waitKey()
cv2.destroyAllWindows()
```

这里，我们换一张写了两个数字的图片“numtest.png”，程序运行效果如图7.4所示。

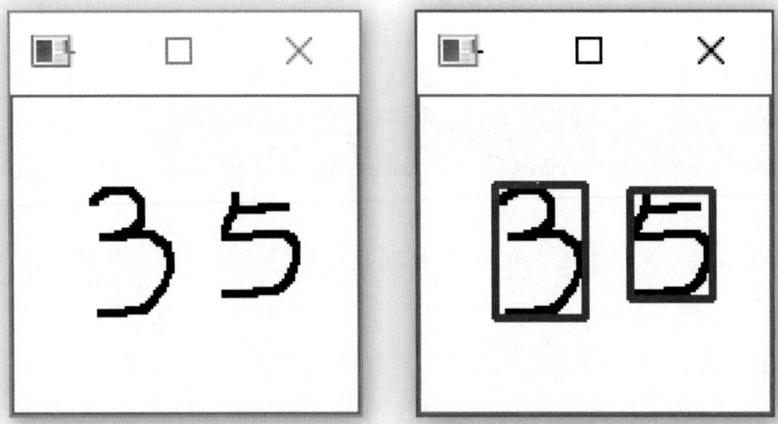

图7.4　轮廓检测效果

上述程序中cv2.findContours函数的第一个参数必须是一个单通道的二值图像，因此，之前应使用Canny函数处理图像。第二个参数为cv2.RETR_TREE，表示建立一个等级树结构的轮廓。第三个参数为cv2.CHAIN_APPROX_SIMPLE，表示轮廓的逼近方法为压缩水平方向、垂直方向、对角线方向的元素，只保留该方向的终点坐标。

轮廓检测完成之后，程序又通过boundingRect()函数计算出了轮廓覆盖的矩形区域，然后通过rectangle函数绘制一个矩形来标识检测到的数字。

分割出表示数字的图片之后，再进行（4）、（5）步，示例代码如下：

```
import cv2
import joblib
import numpy

#加载分类器
classfier = joblib.load("mlpc.pkl")

img = cv2.imread("numtest.png")
canny_img = cv2.Canny(img,50,150)

contours,hierarchy = cv2.findContours(canny_img,cv2.RETR_TREE,
                                      cv2.CHAIN_APPROX_SIMPLE)

for c in contours:
  x,y,w,h = cv2.boundingRect(c)
  cv2.rectangle(img,(x,y),(x+w,y+h),(255,0,0),2)

  #分割出表示数字的图片
  numImg = canny_img[y:y+h,x:w+x]
  #使用均值滤波虚化
  numImg = cv2.blur(numImg,(3,3))
  #改变图像大小
  numImg = cv2.resize(numImg,(8,8))
  #将二维数组改为一维数组
  numImg = numpy.reshape(numImg,(1,64))

  #进行图像识别，并将识别结果写在图片上
  cv2.putText(img,str(classfier.predict(numImg)[0]),(x,y),
              cv2.FONT_HERSHEY_SIMPLEX,0.8,(0,0,255),2)

cv2.imshow("Number",img)
```

```
cv2.waitKey()
cv2.destroyAllWindows()
```

程序在改变图像大小的时候使用了resize函数，这里将图片改为MNIST中的手写数字大小。接着，由于进行图像识别时我们的分类器只能接收一维数组，所以还要将改变了大小的图像数据由二维数组变为一维数组，对应使用NumPy模块中的reshape函数。该函数也有两个参数，第一个参数是要改变的二维数组，第二个参数是改变后的数组的形式。这里，(1, 64)就表示改变之后是一个一维数组，数组长度为64（8×8=64）。图像数据修改好之后，就可以利用分类器进行识别了。同时，这里将识别结果显示在原本的图片上。

显示识别结果使用的是cv2模块的putText函数。这个函数的参数和rectangle函数以及line函数参数类似，分别为**所绘制的图像、显示的文本、文本显示的坐标、文本的字体、文本的大小、文本的颜色、文本的粗细**。

最后，图片标识效果如图7.5所示。

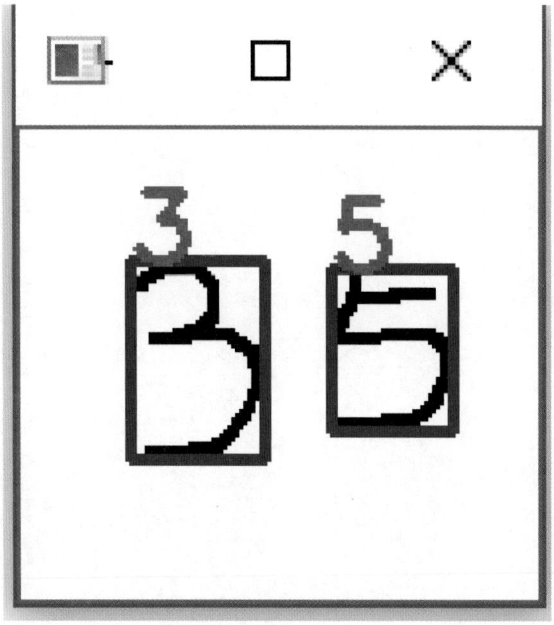

图7.5　标识数字之后的效果

这里要注意，执行classfier.predict(numImg)进行识别之后返回的是一个列表（虽然在这个程序中只有一个值）。为了获取列表中的值，我们在classfier.predict(numImg)之后加了一对方括号：方括号中的数字为0，表示列表中的第一个值。之后，使用str函数将这个值转换为字符串。

这样，我们就通过自己训练的分类器实现了手写数字的检测。最后，我们通过matplotlib模块展示变换之后、识别之前的图像数据。数字3的图像数据如图7.6所示，数字5的图像数据如图7.7所示。

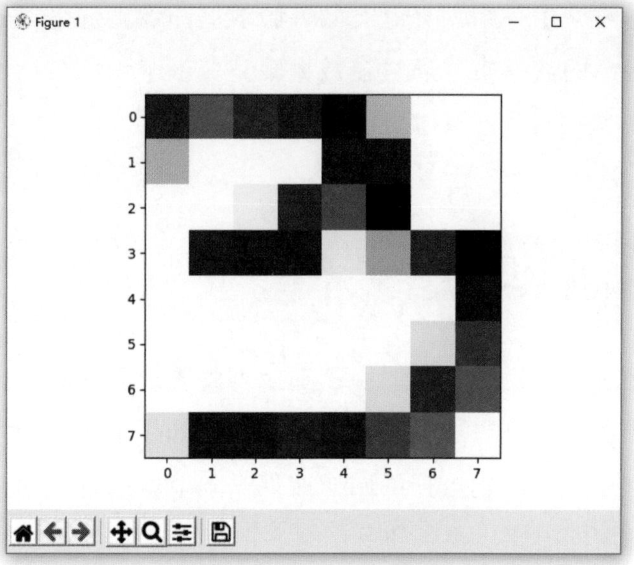

图7.6 数字3的图像数据

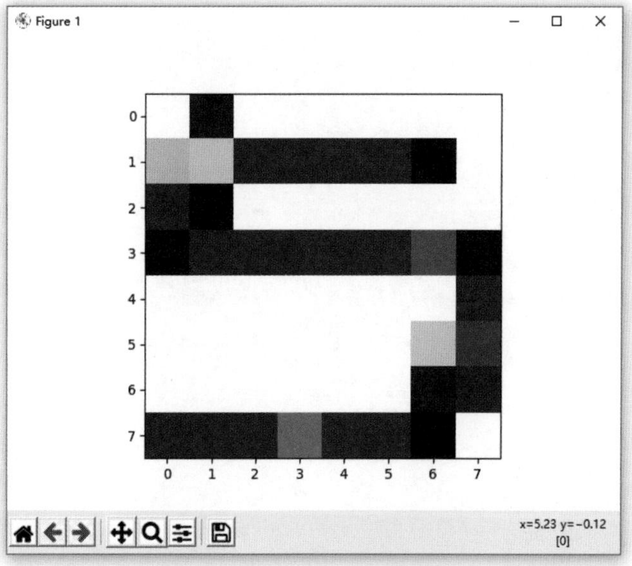

图7.7 数字5的图像数据

第8章　人脸识别与手势识别

人脸识别是在人脸检测的基础上实现的，目标是识别出人脸的主人。实现这一目标的关键是，用一系列分好类的人脸数据图像训练分类器。本章，我们来看如何创建自己的数据集并通过该数据集完成一个识别自己的程序，之后按照同样的方式完成一个手势识别的程序。

8.1　生成训练数据

如果希望通过程序识别自己的脸，那么首先要准备许多自己的正面图片进行训练。这个准备工作可以通过绘图软件完成（如果不嫌麻烦），也可以通过修改人脸检测程序批量产生这样的图像文件。本节就通过程序生成这样的训练数据。对于训练用的图像，要求如下：

（1）图像为灰度格式，后缀名为.jpg。

（2）图像为正方形。

（3）图像大小为100 × 100。

基于上述要求完成的代码如下：

```
import cv2
import numpy

cap = cv2.VideoCapture(0)
classfier = cv2.CascadeClassifier("haarcascade_frontalface_default.xml")

sampleNum = 0

while True:
  ret,frame = cap.read()
  if ret == True:

    grey = cv2.cvtColor(frame,cv2.COLOR_BGR2GRAY)

    faceRects = classfier.detectMultiScale(grey,scaleFactor = 1.1,minNeighbors
                                              = 3,minSize = (200,200))
```

```
        for faceRect in faceRects:#单独框出每一张人脸
          x,y,w,h = faceRect
          cv2.rectangle(frame,(x,y),(x+w,y+h),(255,0,0),2)

          #保存图片
          f = cv2.resize(grey[y : y+h,x : x+w],(100,100))
          cv2.imwrite("picDate//" + str(sampleNum) + ".jpg",f)

          sampleNum = sampleNum+1

        cv2.imshow("Faces",frame)

        keyValue = cv2.waitKey(1)
        if keyValue == 113:
          break
        if sampleNum == 1000:
          break

    cap.release()
    cv2.destroyAllWindows()
```

这段生成正面人像的代码分三步执行：

（1）人脸检测。

（2）裁剪灰度帧的人脸区域，并将大小改为100×100。

（3）将图形以指定的文件名保存在指定的文件夹下。

这里使用resize()函数调整图像大小，而文件保存的位置在.py文件所在文件夹的picDate文件夹下。另外，这里新建了一个变量sampleNum来保存图像的编号。这个编号就是图片的文件名，当编号达到1000时跳出循环、终止程序（即生成1000张训练用的图像）。

运行程序大概十几秒之后，就会看到生成了一系列人脸的图像，如图8.1所示。

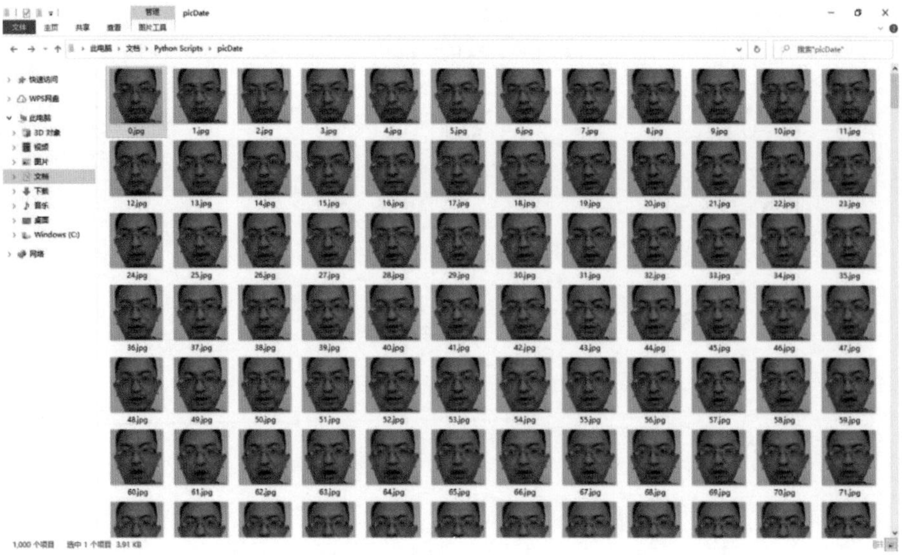

图8.1　利用程序生成训练用的人脸图像

> **说　明**
>
> （1）如果感觉保存图像的频率过快，可以修改cv2.waitKey()函数中的参数。目前是1，即1ms更新一帧。可以将参数改为100，即100ms更新一帧。不过要注意，更改参数会改变整个程序运行的时间。
>
> （2）以同样的方式可以生成其他人的人脸识别训练数据。不过要注意，另一个人的图像数据要放到另一个文件夹中，即要识别多少个人，就需要多少个文件夹。通常的做法是，在picDate文件夹下创建不同编号的文件夹，如文件夹“0”、文件夹“1”。这里我们只识别一个人，故没有单独创建文件夹。

8.2　创建特征量

根据第7章的内容，训练要使用特征量（即图像数据）和正确答案标签。因此，接下来的一步就是创建特征量与正确答案的数组，并利用特征量和正确答案创建一个分类器。

特征量可以逐张读取图像，然后将其加入一个新的数组。对应的代码如下：

```
face_data = []
face_id = []

for i in range(0,1000):
    f = cv2.imread("picDate//" + str(i) + ".jpg",cv2.IMREAD_GRAYSCALE)
    face_data.append(f)
    face_id.append(0)
```

这里只识别一个人，所以正确答案标签都是一样的，如都为0。

8.3 机器学习的训练

准备好数据之后，接下来就要进行机器学习了。OpenCV内置的三个人脸识别分类器（称为人脸识别器），分别基于以下三种算法：

（1）EigenFaces。

（2）FisherFaces。

（3）LBPH（局部二值模式直方图）。

EigenFaces算法认为并不是脸的所有部分都同样重要。看一个人的时候，你会通过独特的特征认出他/她，如眼睛、鼻子、脸颊、前额以及他们之间的差异。所以，你实际上关注的是变化最大的区域。例如，从眼睛到鼻子有一个显著的变化，从鼻子到嘴也是如此。当你看多张脸的时候，你可以通过看脸的这些部分来比较，因为这些部分是脸最有用和最重要的组成部分。重要的是，捕捉人脸之间的最大变化，可以帮助你区分不同的人脸。这就是EigenFaces人脸识别器的工作原理。

EigenFaces人脸识别器将所有人的训练图像作为一个整体，并试图提取重要和有用的成分，丢弃其余成分。这样，不仅可以从训练数据中提取重要的组件，还可以通过丢弃不重要的组件节省内存。

FisherFaces也认为并不是脸的所有部分都同样重要，但它并没有把注意力集中在区分一个人和另一个人的特征上，而是集中在代表整个训练数据中所有人的所有面孔特征上，提取可区分一个人和另一个人的有用特征。

LBPH（局部二值模式直方图）算法则是试图找出图像的局部结构，并比较局部结构的中心像素与其相邻像素。假设取一个3×3的窗口，每移动一个图像（图像的每个局部），就将中心像素与相邻像素进行比较，强度值小于或等于中心像素的邻域用1表示，其他邻域用0表示。然后，顺时针读取3×3窗口下的0/1值，便会得到一个11100011这样的二进制模式。这个模式在图像的特定区域是局部的，在整个图像上这样做，就会得到一个局部二进制模式的列表。LBPH算法比较灵活，是唯一允许模型样本人脸和检测到的人脸在形状、大小上不同的人脸识别算法。

三种算法在使用上类似，只是生成机器学习模型使用的方法不同。

（1）使用EigenFaces算法的对应函数为

```
cv2.face.EigenFaceRecognizer_create()
```

（2）使用FisherFaces算法的对应函数为

```
cv2.face.FisherFaceRecognizer_create()
```

（3）使用LBPH算法的对应函数为

```
cv2.face.LBPHFaceRecognizer_create()
```

生成机器学习模型之后，就可以通过对象的train()方法训练模型了。如果采用LBPH算法，则对应的代码如下：

```
import cv2
import numpy

classfier = cv2.CascadeClassifier("haarcascade_frontalface_default.xml")

face_data = []
face_id = []

for i in range(0,1000):
  f = cv2.imread("picDate//" + str(i) + ".jpg",cv2.IMREAD_GRAYSCALE)
  face_data.append(f)
  face_id.append(0)

#创建LBPH识别器并开始训练，当然也可以选择Eigen或者Fisher识别器
face_recognizer = cv2.face.LBPHFaceRecognizer_create()

face_recognizer.train(numpy.asarray(face_data),numpy.array(face_id))
```

```
face_recognizer.save('LBPH.xml')
```

训练完成后，通过对象的save()方法保存识别器。识别器的文件名为LBPH.xml，和.py文件保存在一个文件夹下。

说　明

（1）如果显示face.LBPHFaceRecognizer_create未定义或LBPHFaceRecognizer_create未定义，则需要安装opencv-contrib-python。对应的指令为

pip install--user opencv-contrib-python

注意，在Windows系统下一定要在install后面加上--user，否则可能会因为权限问题而安装失败。

（2）加载保存的学习模型作为识别器，可以使用对象的read()方法。

8.4 使用识别器进行人脸识别

训练好识别器之后，就可以通过它识别人脸了。这个过程和识别手写数字以及人脸检测的过程类似，只是这里操作的是视频。整个操作大概分为以下四步：

（1）获取视频帧。

（2）将视频帧转换为单通道的二值图像。

（3）人脸检测，分割出人脸的图像。

（4）调用predict()函数进行人脸识别，标注个体标签以及匹配度。

对应的示例代码如下：

```
import cv2
import numpy

classfier = cv2.CascadeClassifier("haarcascade_frontalface_default.xml")
face_recognizer = cv2.face.LBPHFaceRecognizer_create()
face_recognizer.read('LBPH.xml')
```

```
cap = cv2.VideoCapture(0)

while True:
  ret,frame = cap.read()
  if ret == True:
    grey = cv2.cvtColor(frame,cv2.COLOR_BGR2GRAY)

    faceRects = classfier.detectMultiScale(grey,scaleFactor = 1.1,minNeighbors
                                       = 3,minSize = (100,100))

    for faceRect in faceRects:#单独框出每一张人脸
      x,y,w,h = faceRect
      cv2.rectangle(frame,(x,y),(x+w,y+h),(255,0,0),2)

      #使用predict()函数进行人脸识别，返回值为个体标签以及匹配度
      face_id,confidence = face_recognizer.predict(grey[y : y+h,x : x+w])

      if confidence > 70:
          if face_id == 0:
            #如果个人ID为0，则显示个人名字nille，同时显示匹配度
            cv2.putText(frame,"nille",(x+5,y-5),
                        cv2.FONT_HERSHEY_SIMPLEX,1,
                        (0,0,255),1)
            cv2.putText(frame,str(confidence),(x+5,y+h-5),
                        cv2.FONT_HERSHEY_SIMPLEX,1,
                        (255,255,0),1)
          else:
            #负责显示未识别"Unknown"
            cv2.putText(frame,"Unknown",(x+5,y-5),
                        cv2.FONT_HERSHEY_SIMPLEX,1,
                        (0,0,255),1)

    cv2.imshow("Faces",frame)

    keyValue = cv2.waitKey(1)
    if keyValue == 113:
      break
  else:
    break

cap.release()
cv2.destroyAllWindows()
```

程序运行效果如图8.2所示。

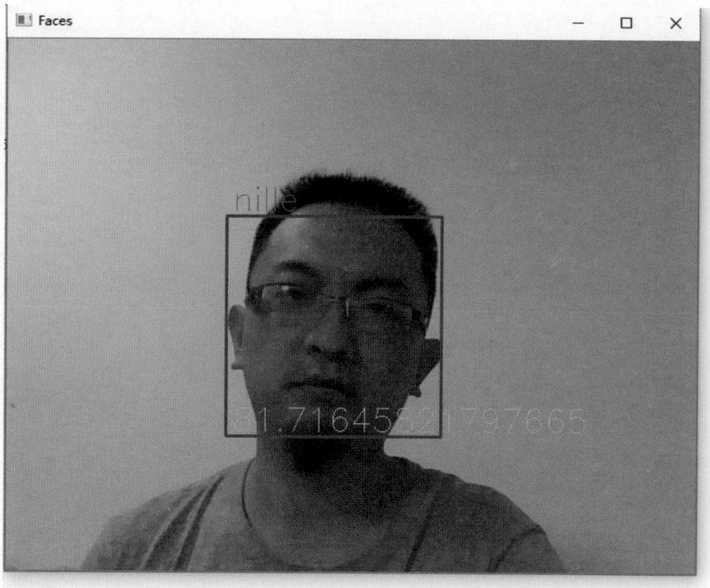

图8.2　使用识别器进行人脸识别

至此，人脸识别程序就算完成了。进一步，我们可以添加另一个人的人脸训练数据，并保存在另一个文件夹下，进行机器学习之后就可以识别其他人了。

最后再说明一点，OpenCV中的这几个方法并不是单纯为人脸识别服务的，同时人脸识别也不止这几种方法。这几个函数本质上就是分类器。图像处理的很多问题最后都可以归结为分类问题，如性别识别、警觉度识别、美丽度识别等，人脸识别只是其中一种应用而已。确切地说，分类器只是一个工具，一个可以用来解决很多分类问题的工具，下面我们再利用这个工具尝试手势识别。

8.5　使用识别器进行手势识别

与人脸识别的过程类似，手势识别的第一步也是准备进行训练的数据，依然可以通过程序来完成。这里，我们想通过键盘来控制，c键被按下时就会生成一张对应的图像。对于训练用的图像，要求如下：

（1）图像截取手的部分（利用轮廓检测）。

（2）图像为灰度格式，后缀名为.jpg。

（3）图像为正方形。

（4）图像大小为100×100。

为了检测图像中的手，可以先进行色彩空间转换。为此，先截取一张图片，对应的代码如下：

```
import numpy
import cv2

cap = cv2.VideoCapture(0)

while True:
  ret,frame = cap.read()

  if ret == True:
    cv2.imshow("cap",frame)

    keyValue = cv2.waitKey(1)
    if keyValue == 113:
      break
    if keyValue == ord('c'):
      cv2.imwrite("hand.jpg",frame)
  else:
    break

cap.release()
cv2.destroyAllWindows()
```

运行代码之后，将手对准摄像头的同时按下键盘上的c键，就会在代码文件所在的文件夹保存一张名为hand.jpg的图像。

然后，用绘图软件打开图片，查看手掌位置对应颜色的BGR值，如图8.3所示。

这里，颜色的BGR值为105、124、159。在IDLE中将颜色值转换为HSV值，对应的操作如下：

```
>>>import cv2
>>>import numpy
>>>color = numpy.uint8([[[105,124,159]]])
>>>cv2.cvtColor(color,cv2.COLOR_BGR2HSV)
array([[[11,87,159]]],dtype = uint8)
```

```
>>>
```

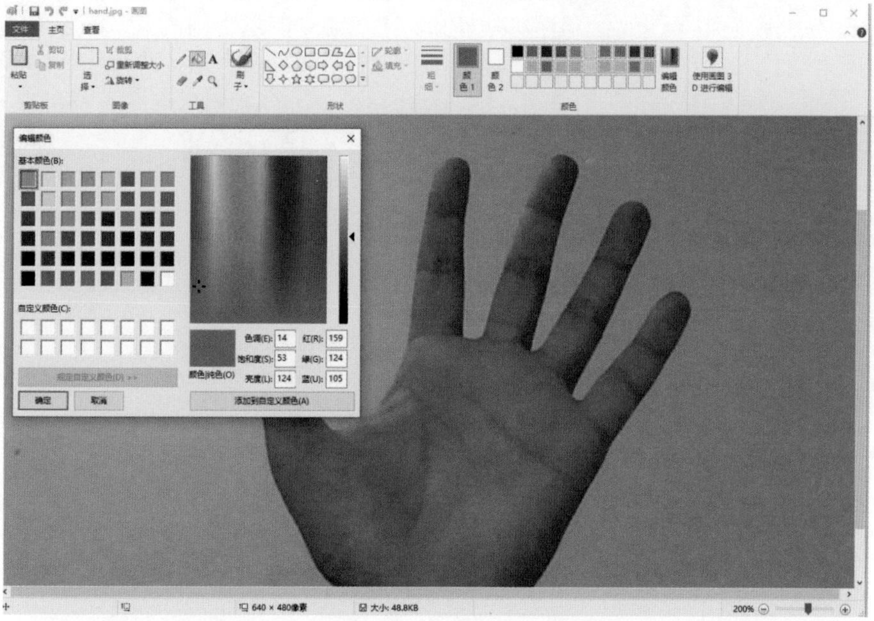

图8.3　查看手掌位置对应颜色的BGR值

这里能看到对应的HSV值为[11,87,159]，下一步就是使用[H-10,50,100]和[H+10,255,255]作为颜色阈值的上下限。通过颜色阈值的上下限，能够识别视频流中手的部分。基于这个结果再进行轮廓检测，对应的代码如下：

```
import cv2
import numpy

cap = cv2.VideoCapture(0)
sampleNum = 0
#创建变量来保存截取图片的大小与位置
handPicX = 0
handPicY = 0
handPicW = 0
handPicH = 0

while True:
  ret,frame = cap.read()
  if ret == True:
    #1颜色识别
    hsv = cv2.cvtColor(frame,cv2.COLOR_BGR2HSV)
```

```
    lowerColor = numpy.array([1,50,100])
    upperColor = numpy.array([21,255,255])

    mask = cv2.inRange(hsv,lowerColor,upperColor)

    #2二值化处理
    grey = cv2.cvtColor(frame,cv2.COLOR_BGR2GRAY)

    ret,thresh_img = cv2.threshold(grey,127,255,cv2.THRESH_BINARY_INV)

    #3并集操作
    mask = cv2.bitwise_or(mask,thresh_img,mask = mask)

    cv2.imshow('mask',mask)

    #4第一次轮廓检测
    contours,hierarchy = cv2.findContours(mask,cv2.RETR_EXTERNAL,
                                          cv2.CHAIN_APPROX_SIMPLE)
    for c in contours:
      (x,y),radius = cv2.minEnclosingCircle(c)
      #去掉较小的轮廓
      if radius > 80:
        hull = cv2.convexHull(c)
        cv2.drawContours(mask,[hull],-1,(255,255,255),-1)

      cv2.imshow('Convex',mask)

    #5第二次轮廓检测
    contours,hierarchy = cv2.findContours(mask,cv2.RETR_EXTERNAL,
                                          cv2.CHAIN_APPROX_SIMPLE)

    for c in contours:
      (x,y),radius = cv2.minEnclosingCircle(c)
      #去掉较小的轮廓
      if radius > 80:
        handPicX,handPicY,handPicW,handPicH = cv2.boundingRect(c)
        cv2.rectangle(frame,(handPicX,handPicY),
                      (handPicX+handPicW,handPicY+handPicH),
                      (255,0,0),2)

      keyValue = cv2.waitKey(1)
      if keyValue == 113:
```

```
            break

        if keyValue == ord('c'):
            #6保存图片
            f = cv2.resize(grey[handPicY:handPicY+handPicH,
                            handPicX:handPicX+handPicW],(100,100))
            cv2.imwrite("handPicDate//" + str(sampleNum) + ".jpg",f)

            sampleNum = sampleNum+1

        cv2.imshow("hand",frame)

    cap.release()
    cv2.destroyAllWindows()
```

这段程序首先进行颜色识别（#1），同时对图像进行二值化处理（#2），接着将这两个图像进行合并（#3），然后对合并的图像进行第一次轮廓检测（#4）。

这次轮廓检测选出尺寸较大的凸包进行填充，以便之后进行第二次轮廓检测（#5）。第二次轮廓检测确定了截取图片的大小与位置，并利用方框在原图中进行标识。

最后，当c键被按下时就截取图片并保存（#6），图像大小为100×100。注意，这里使用ord()函数将字符转换了为ASCII码。

程序运行效果如图8.4所示。

至此，准备训练数据的程序就完成了。此时，按下c键时对应的图片就会存入文件夹handPicDate中。

假设我们想分别获取30张“剪刀”、30张“石头”、30张“布”的训练数据。由于这个程序没有输入ID的交互部分，所以需要运行三次程序。如果第一次获取“剪刀”的图片，则运行程序时要比出“剪刀”手势并按c键保存，完成后如图8.5所示。

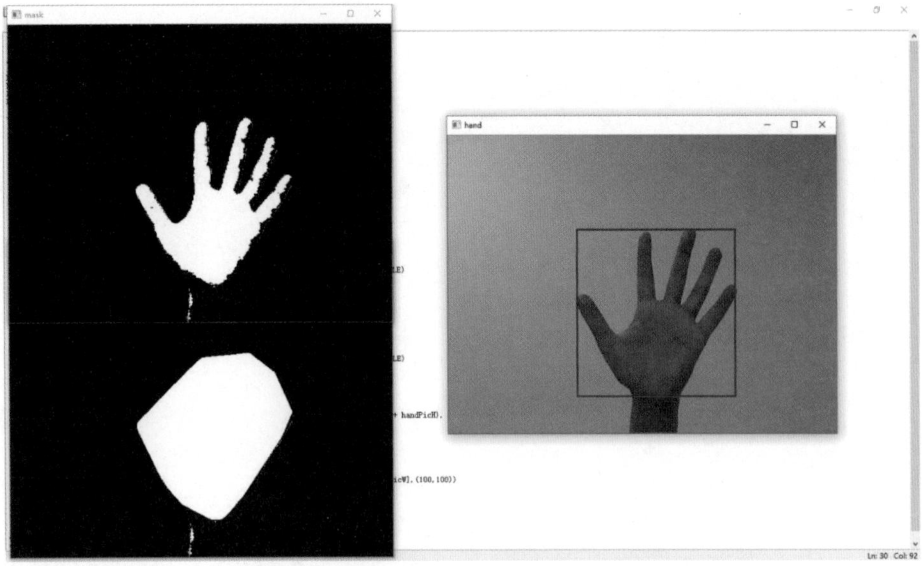

图8.4　准备训练数据的程序运行时的效果

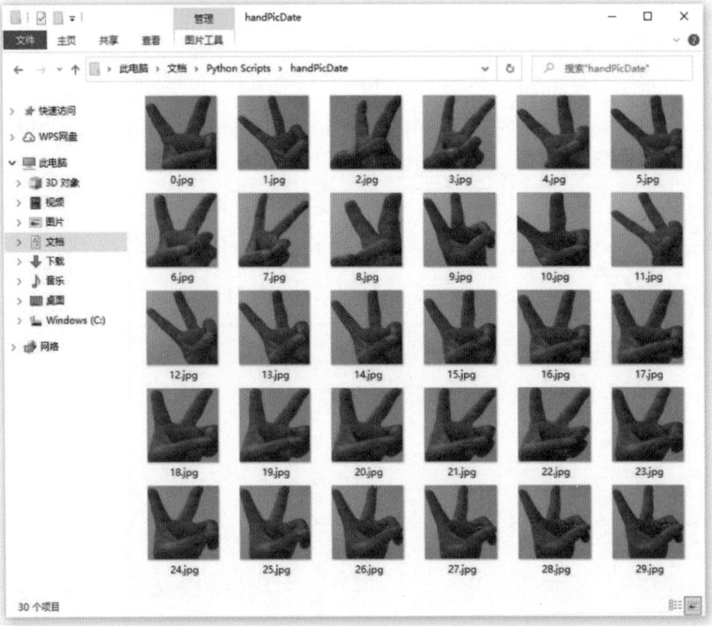

图8.5　获取“剪刀”手势的训练数据

将这30张图片剪切到名为“0”的文件夹，以便之后训练使用。然后，再次运行程序获取“石头”的图片，运行程序时要比出“石头”手势并按c键保存，完成后如图8.6所示。

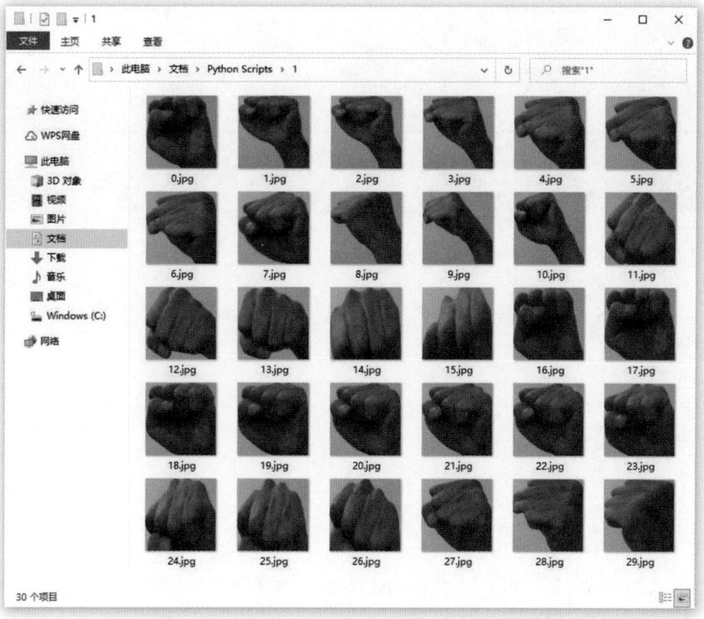

图8.6 获取“石头”手势的训练数据

再将这30张图片剪切到名为“1”的文件夹，以便之后训练使用。最后，再次运行程序以获取“布”的图片，运行程序时要比出“布”手势并按c键保存，完成后如图8.7所示。

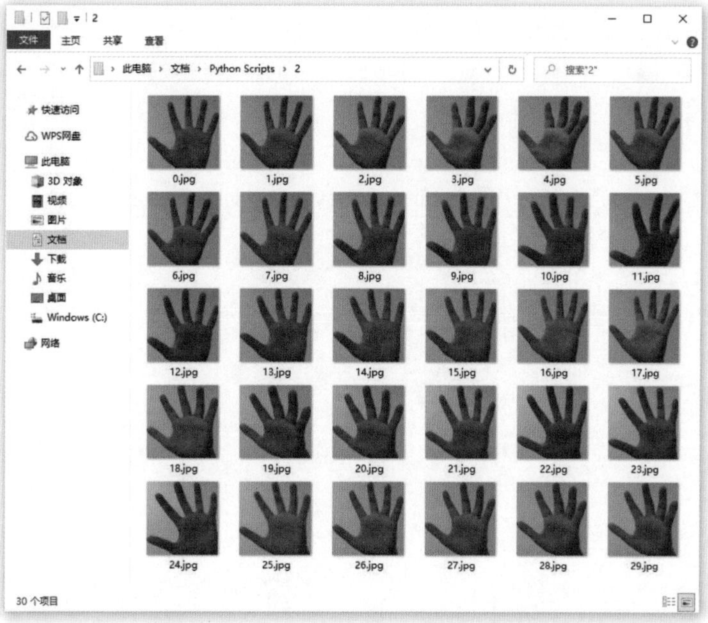

图8.7 获取“布”手势的训练数据

说　明

这个数据量还可以更大，数据量越大，之后的手势识别准确率越高。

创建好训练用的数据之后，下一步就要创建特征量及正确答案的数组，并利用特征量和正确答案来创建一个分类器。

特征量可以逐张读取图像，然后将其加入一个新的数组中。对应的代码如下：

```
hand_data = []
hand_id = []

for i in range(0,30):
  f = cv2.imread("0//" + str(i) + ".jpg",cv2.IMREAD_GRAYSCALE)
  hand_data.append(f)
  hand_id.append(0)

for i in range(0,30):
  f = cv2.imread("1//" + str(i) + ".jpg",cv2.IMREAD_GRAYSCALE)
  hand_data.append(f)
  hand_id.append(1)

for i in range(0,30):
  f = cv2.imread("2//" + str(i) + ".jpg",cv2.IMREAD_GRAYSCALE)
  hand_data.append(f)
  hand_id.append(2)
```

这里，手势“剪刀”对应的正确答案标签为0，手势“石头”对应的正确答案标签为1，手势“布”对应的正确答案标签为2。

这里采用LBPH算法训练，对应的代码如下：

```
import cv2
import numpy

hand_data = []
hand_id = []

for i in range(0,30):
  f = cv2.imread("0//" + str(i) + ".jpg",cv2.IMREAD_GRAYSCALE)
  hand_data.append(f)
```

```
    hand_id.append(0)

  for i in range(0,30):
    f = cv2.imread("1//" + str(i) + ".jpg",cv2.IMREAD_GRAYSCALE)
    hand_data.append(f)
    hand_id.append(1)

  for i in range(0,30):
    f = cv2.imread("2//" + str(i) + ".jpg",cv2.IMREAD_GRAYSCALE)
    hand_data.append(f)
    hand_id.append(2)

  #创建LBPH识别器并开始训练
  hand_recognizer = cv2.face.LBPHFaceRecognizer_create()

  hand_recognizer.train(numpy.asarray(hand_data),numpy.array(hand_id))

  hand_recognizer.save('LBPH.xml')
```

完成训练之后，通过对象的save()方法保存识别器。识别器的文件名为LBPH.xml，和.py文件保存在同一个文件夹下。

训练好识别器之后，就可以通过它来识别手势了。对应的示例代码如下：

```
import cv2
import numpy

hand_recognizer = cv2.face.LBPHFaceRecognizer_create()
hand_recognizer.read('LBPH.xml')

cap = cv2.VideoCapture(0)
sampleNum = 0
#创建变量用来保存截取图片的大小与位置
handPicX = 0
handPicY = 0
handPicW = 0
handPicH = 0

while True:
  ret,frame = cap.read()
  if ret == True:
    #1颜色识别
    hsv = cv2.cvtColor(frame,cv2.COLOR_BGR2HSV)
```

```
lowerColor = numpy.array([1,50,100])
upperColor = numpy.array([21,255,255])

mask = cv2.inRange(hsv,lowerColor,upperColor)

#2 二值化处理
grey = cv2.cvtColor(frame,cv2.COLOR_BGR2GRAY)

ret,thresh_img = cv2.threshold(grey,127,255,cv2.THRESH_BINARY_INV)

#3并集操作
mask = cv2.bitwise_or(mask,thresh_img,mask = mask)

cv2.imshow('mask',mask)

#4第一次轮廓检测
contours,hierarchy = cv2.findContours(mask,cv2.RETR_EXTERNAL,
                                      cv2.CHAIN_APPROX_SIMPLE)
for c in contours:
  (x,y),radius = cv2.minEnclosingCircle(c)
  #去掉较小的轮廓
  if radius > 80:
    hull = cv2.convexHull(c)
    cv2.drawContours(mask,[hull],-1,(255,255,255),-1)

cv2.imshow('Convex',mask)

#4第二次轮廓检测
contours,hierarchy = cv2.findContours(mask,cv2.RETR_EXTERNAL,
                                      cv2.CHAIN_APPROX_SIMPLE)

for c in contours:
  (x,y),radius = cv2.minEnclosingCircle(c)
  #去掉较小的轮廓
  if radius > 80:
    handPicX,handPicY,handPicW,handPicH = cv2.boundingRect(c)
    cv2.rectangle(frame,(handPicX,handPicY),
                  (handPicX + handPicW,handPicY + handPicH),
                  (255,0,0),2)

    #使用predict()函数进行手势识别，返回值为个体标签以及匹配度
    hand_id,confidence = hand_recognizer.predict(
```

```
            cv2.resize(
              grey[handPicY : handPicY + handPicH,
                handPicX : handPicX+handPicW],
                (100,100)))

        if confidence > 70:
          if hand_id == 0:
            #如果个人ID为0，则显示标签0
            cv2.putText(frame,"0",(handPicX + 5,handPicY-5),cv2.FONT_
                        HERSHEY_SIMPLEX,1,(0,0,255),1)

          if hand_id == 1:
            #如果个人ID为1，则显示标签1
            cv2.putText(frame,"1",(handPicX + 5,handPicY - 5),cv2.FONT_
                        HERSHEY_SIMPLEX,1,(0,0,255),1)

          if hand_id == 2:
            #如果个人ID为2，则显示标签2
            cv2.putText(frame,"2",(handPicX + 5,handPicY - 5),cv2.FONT_
                        HERSHEY_SIMPLEX,1,(0,0,255),1)

      keyValue = cv2.waitKey(1)
      if keyValue == 113:
        break

      cv2.imshow("hand",frame)

cap.release()
cv2.destroyAllWindows()
```

程序运行效果如图8.8 ~ 图8.10所示。

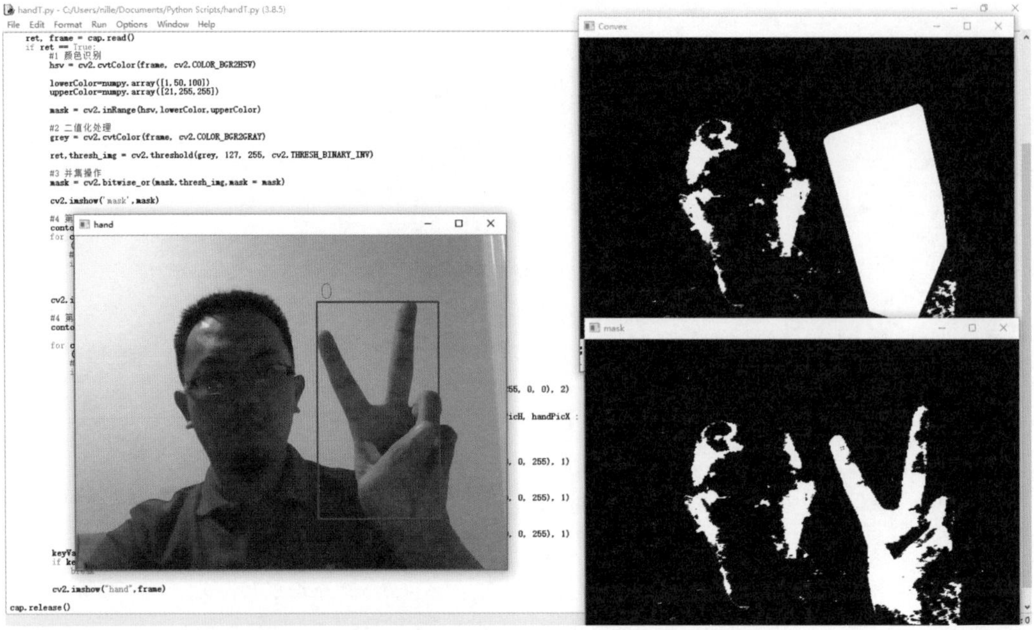

图8.8　程序识别出目前手势为“剪刀”，标注0

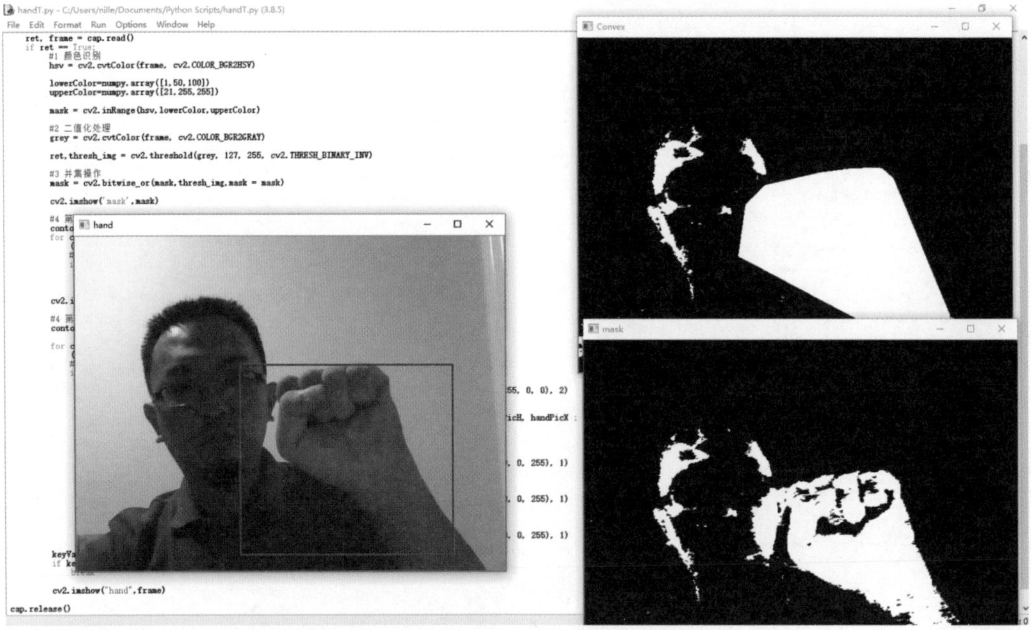

图8.9　程序识别出目前手势为“石头”，标注1

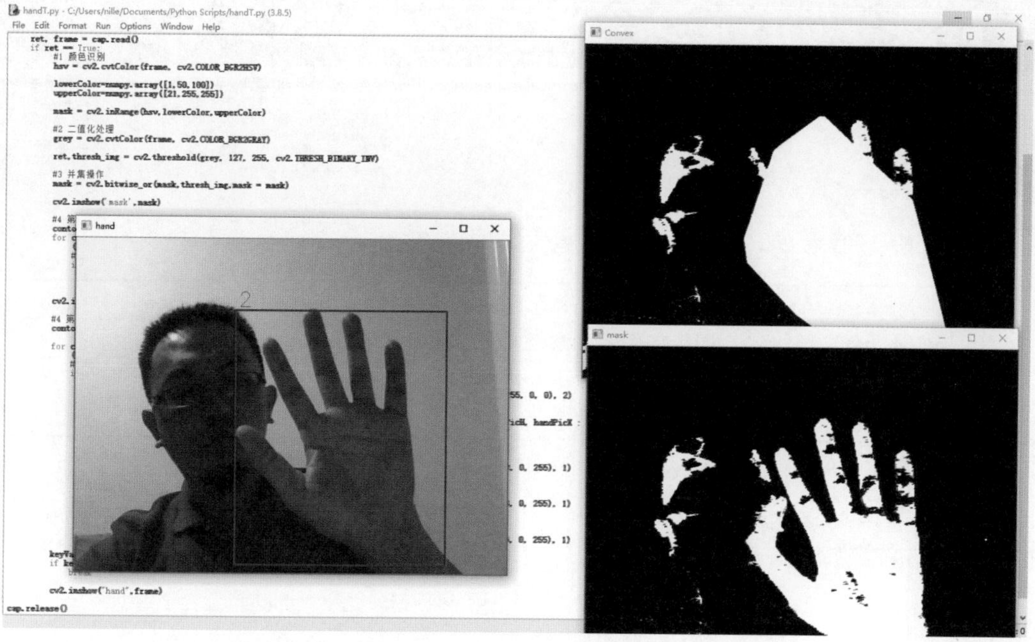

图8.10　程序识别出目前手势为“布”，标注2

至此，手势识别程序就算完成了。读者也可以尝试添加更多的手势进行识别。

附录　OpenCV模块中的函数及方法汇总

第2章

1. 获取图像文件：cv2.imread(filename[,flags])

参　数	说　明
filename	图像文件的目录以及图像的文件名
flags	图像读取方式（可选参数）
返回值	对应的图像内容

2. 通过窗口显示图像：cv2.imshow(wname,img)

参　数	说　明
wname	图像窗口上显示的标题
img	要显示的图像内容
返回值	无

3. 等待键盘输入：cv2.waitKey([delay])

参　数	说　明
delay	等待的时间（可选参数，为0或留空表示一直等待）
返回值	当前键盘按键值

4. 释放由OpenCV创建的所有窗口：cv2.destroyAllWindows()

参　数	无
返回值	无

5. 释放指定窗口：cv2.destroyWindow(wname)

参　数	说　明
wname	图像窗口上显示的标题
返回值	无

6. 获取视频文件或摄像头的视频流：cv2.VideoCapture(filename/device)

参　数	说　明
filename/device	（1）获取计算机上存储的视频文件内容时，函数中的参数就是视频文件的目录以及视频的文件名

续表

参　数	说　明
filename/device	（2）获取摄像头的实时视频信息时，函数中的参数是摄像头的设备编号（笔记本内置的摄像头编号一般为0，外接USB摄像头的编号可能是1）
返回值	视频类的对象

7. 获取视频帧：视频类对象.read()

参　数	无
返回值	（1）帧读取正常时为True，否则为False （2）对应帧的图像

8. 释放摄像头或关闭视频文件：视频类对象.release()

参　数	无
返回值	无

9. 判断视频读取或者摄像头调用是否成功：视频类对象.isOpened()

参　数	无
返回值	成功时为True，否则为False

10. 获取视频内容的属性：视频类对象.get(prodId)

参　数	说　明
prodId	属性编号，有0～18共19个属性，具体说明如下： 0：视频文件的当前位置（播放的状态），以毫秒为单位 1：基于以0开始的被捕获或解码的帧索引 2：视频文件的相对位置（播放状态，0表示影片开始，1表示影片的结尾） 3：视频流中帧的宽度 4：视频流中帧的高度 5：帧速率 6：编解码规则 7：视频文件中的帧数 8：返回对象的格式 9：返回后端特定的值，指示当前捕获模式 10：图像亮度（仅适用于照相机） 11：图像对比度（仅适用于照相机）

续表

参　数	说　明
prodId	12：图像的饱和度（仅适用于照相机） 13：色调图像（仅适用于照相机） 14：图像增益（仅适用于照相机） 15：曝光（仅适用于照相机） 16：指示是否应将图像转换为RGB布尔标志 17：（暂时不支持） 18：立体摄像机的矫正标注
返回值	对应的属性值

11. 获取视频内容的属性：视频类对象.set(prodId,value)

参　数	说　明
prodId	属性编号
value	属性值
返回值	设置成功返回True，否则返回False

第3章

1. 保存图像：cv2.imwrite(filename,img[,params])

参　数	说　明
filename	图像文件保存的目录以及文件名
img	要保存的图像内容
params	可选参数，针对不同格式，参数意义不同：对于JPEG，表示的是图像的质量，用0～100的整数表示，默认为95；对于png，表示的是压缩级别，默认为3
返回值	保存成功时返回True，否则返回False

2. 图像的翻转：cv2.flip(img,flipcode)

参　数	说　明
img	要处理的图像内容
flipcode	图像翻转模式，为0表示垂直翻转（沿x轴翻转），为1表示水平翻转（沿y轴翻转），为-1表示水平垂直都翻转（先沿x轴翻转，再沿y轴翻转，等价于旋转180°）
返回值	翻转后的图像内容

3. 仿射变换：`cv2.warpAffine(src,M,dsize[,dst[,flags[,borderMode[,borderValue]]]])`

参　数	说　明
src	要处理的图像内容
M	仿射变换的***M***矩阵
dsize	输出图像的大小
dst	目标图像
flags	插值方法。默认为flags = cv2.INTER_LINEAR，表示线性插值，此外还有： · cv2.INTER_NEAREST（最近邻插值） · cv2.INTER_AREA（区域插值） · cv2.INTER_CUBIC（三次样条插值） · cv2.INTER_LANCZOS4（Lanczos插值）
borderMode	可选参数，边界像素模式
borderValue	可选参数，边界填充值，默认情况下为0
返回值	变换后的图像内容

4. 计算仿射变换矩阵***M***：`cv2.getAffineTransform(src,dst)`

参　数	说　明
src	输入图像的三个点坐标（左上角、右上角、左下角）
dst	输出图像的三个点坐标
返回值	变换矩阵***M***

5. 计算旋转变换矩阵：`cv2.getRotationMatrix2D(center,angle,scale)`

参　数	说　明
center	旋转中心
angle	旋转角度
scale	旋转后图像的缩放比例
返回值	变换矩阵***M***

6. 图像的缩放：`cv2.resize(src,dsize[,dst[,fx[,fy[,interpolation]]]])`

参　数	说　明
src	要处理的图像内容
dsize	输出图像的大小
dst	目标图像

续表

参　数	说　明
fx	沿水平轴的比例因子
fy	沿垂直轴的比例因子
interpolation	插值方法
返回值	变换后的图像内容

7. 透视变化：cv2.warpPerspective(src,M,dsize[,dst[,flags[,borderMode[,borderValue]]]])

参　数	说　明
src	要处理的图像内容
M	透视变换的***M***矩阵
dsize	输出图像的大小
dst	目标图像
flags	插值方法。默认为flags=cv2.INTER_LINEAR，表示线性插值，此外还有： · cv2.INTER_NEAREST（最近邻插值） · cv2.INTER_AREA（区域插值） · cv2.INTER_CUBIC（三次样条插值） · cv2.INTER_LANCZOS4（Lanczos插值）
borderMode	可选参数，边界像素模式
borderValue	可选参数，边界填充值，默认为0
返回值	变换后的图像内容

8. 计算透视变换矩阵***M***：cv2.getPerspectiveTransform(src,dst)

参　数	说　明
src	输入图像的四个点坐标
dst	输出图像的四个点坐标
返回值	变换矩阵***M***

9. 转换色彩空间：cv2.cvtColor(src,code[,dst[,dstcn]])

参　数	说　明
src	所要转换的图像
code	转换的形式
dst	目标图像
dstcn	目标图像通道数，如果取值为0，则由src和code决定
返回值	变换后的图像内容

10. 检查数组元素是否在两个数量之间：cv2.inRange(src,lowerb,upperb[,dst])

参　数	说　明
src	要识别的图片数组
lowerb	阈值的下限
upperb	阈值的上限
dst	目标图像数组
返回值	目标图像数组

11. 图像与操作：cv2.bitwise_and(src1,src2[,dst[,mask]])

参　数	说　明
src1	第一个操作图像
src2	第二个操作图像（两张图必须一样大）
dst	目标图像
mask	掩模图像
返回值	操作后的图像内容

12. 图像或操作：cv2.bitwise_or(src1,src2[,dst[,mask]])

参　数	说　明
src1	第一个操作图像
src2	第二个操作图像（两张图必须一样大）
dst	目标图像
mask	掩模图像
返回值	操作后的图像内容

13. 图形异或操作：cv2.bitwise_xor(src1,src2[,dst[,mask]])

参　数	说　明
src1	第一个操作图像
src2	第二个操作图像（两张图必须一样大）
dst	目标图像
mask	掩模图像
返回值	操作后的图像内容

14. 图像非操作：cv2.bitwise_not(src[,dst[,mask]])

参　数	说　明
src	操作图像
dst	目标图像

续表

参 数	说 明
mask	掩模图像
返回值	操作后的图像内容

15. 图像加：`cv2.add(src1,src2[,dst[,mask]])`

参 数	说 明
src1	第一个操作图像
src2	第二个操作图像（两张图必须一样大）
dst	目标图像
mask	掩模图像
返回值	操作后的图像内容

16. 图像减：`cv2.subtract(src1,src2[,dst[,mask]])`

参 数	说 明
src1	第一个操作图像
src2	第二个操作图像（两张图必须一样大）
dst	目标图像
mask	掩模图像
返回值	操作后的图像内容

第4章

1. 2D卷积运算：`cv2.filter2D(src,ddepth,kernel[,dst[,anchor[,delta[,borderType]]]])`

参 数	说 明
src	要处理的图像内容
ddepth	目标图像深度
kernel	卷积核
dst	目标图像
anchor	内核的基准点，默认值为(-1,-1)，位于kernel的中心位置
delta	储存目标图像前可选的添加到像素的值，默认值为0
borderType	像素向外逼近的方法
返回值	操作后的图像内容

2. 均值滤波：`cv2.blur(src,ksize,[,dst[,anchor[,borderType]]])`

参 数	说 明
src	要处理的图像内容
ksize	卷积核的大小
dst	目标图像
anchor	内核的基准点
borderType	像素向外逼近的方法
返回值	操作后的图像内容

3. 高斯滤波（函数GaussianBlur）：`cv2.GuassianBlur(src,ksize,sigmaX[,dst[,sigmaY[,borderType]]])`

参 数	说 明
src	要处理的图像内容
ksize	卷积核的大小
sigmaX	x方向的标准偏差
dst	目标图像
sigmaY	y方向的标准偏差
borderType	像素向外逼近的方法
返回值	操作后的图像内容

4. Canny边缘检测：`cv2.Canny(image,threshold1,threshold2[,apertureSize[,L2gradient]])`

参 数	说 明
image	要处理的图像内容
threshold1	阈值下限
threshold2	阈值上限
apertureSize	卷积核大小
L2gradient	精度设置。如果为True，则使用更精确的L2范数进行计算（即两个方向的倒数的平方和再开方），否则使用L1范数进行计算（直接将两个方向导数的绝对值相加）
返回值	检测边缘的图像内容

5. 角点检测：cv2.cornerHarris(src,blockSize,ksize,k[,dst[,borderType]])

参　数	说　明
src	要处理的图像内容
blockSize	角点检测中方框移动的领域大小
ksize	卷积核大小
k	自由参数
dst	目标图像
borderType	像素向外逼近的方法
返回值	由R组成的灰度图像，大小与原图一致

6. 直线检测：cv2.HoughLinesP(image,rho,theta,threshold[,minLineLength[,maxLineGap]])

参　数	说　明
image	要处理的图像内容
rho	搜索线段的步长
theta	搜索线段的弧度
threshold	经过某一点曲线的数量的阈值
minLineLength	线的最短长度
maxLineGap	两条线之间的最大间隔，小于此值时两条线会被看成一条线
返回值	线段数据的集合

7. 圆形检测：cv2.HoughCircles(image,method,dp,minDist[,param1[,param2[,minRadius[,maxRadius]]]])

参　数	说　明
image	要处理的图像内容
method	圆形检测方法，目前唯一实现的方法就是HOUGH_GRADIENT
dp	累加器与原始图像相比的分辨率的反比参数。如果dp=1，则累加器具有与输入图像相同的分辨率；如果dp=2，则累加器分辨率是原始图像的一半，宽度和高度也缩减为原来的一半
minDist	检测到的两个圆心之间的最小距离
param1	Canny边缘检测的高阈值，低阈值会被自动置为高阈值的一半
param2	圆心检测的累加阈值，参数值越小，可以检测到越多的假圆，但返回的是与较大累加器值对应的圆
minRadius	检测到的圆的最小半径
maxRadius	检测到的圆的最大半径
返回值	圆的集合

8. 轮廓检测：cv2.findContours(image,mode,method[,offset])

参　数	说　明
image	要处理的图像内容
mode	轮廓的检索模式，有四个选项： · cv2.RETR_EXTERNAL，只检测外轮廓 · cv2.RETR_LIST，检测轮廓但不建立等级关系 · cv2.RETR_CCOMP，建立两个等级的轮廓，外面的一层为外边界，里面的一层为内孔的边界信息 · cv2.RETR_TREE，建立一个等级树结构的轮廓
method	轮廓的逼近方法，也有四个选项： · cv2.CHAIN_APPROX_NONE，存储所有的轮廓点，相邻两个点的像素位置差不超过1 · cv2.CHAIN_APPROX_SIMPLE压缩水平方向、垂直方向、对角线方向的元素，只保留该方向的终点坐标，如一个矩形轮廓只需4个点来保存轮廓信息 · cv2.CHAIN_APPROX_TC89_L1和cv2.CHAIN_APPROX_TC89_KCOS，都使用teh-Chinl chain近似算法
offset	轮廓偏移量
返回值	返回值有两个：第一个为图像中的轮廓信息，以列表的形式表示，列表中每个元素都由对应轮廓的点集组成；第二个为相应轮廓之间的关系

9. 绘制轮廓：cv2.drawContours(image,contours,contourIdx,color[,thickness[,lineType[,hierarchy[,maxLevel[,offset]]]]])

参　数	说　明
image	要绘制轮廓的图像
contours	轮廓的集合
contourIdx	绘制第几个轮廓，-1表示绘制所有轮廓
color	绘制轮廓的颜色
thickness	轮廓的线宽
lineType	绘制轮廓的线型
hierarchy	轮廓之间的层次关系
maxLevel	控制所绘制的轮廓层次的深度
offset	轮廓偏移量
返回值	无

10. 计算边界矩形区域：cv2.boundingRect(img)

参　数	说　明
img	二值图
返回值	矩形区域左上角坐标以及矩形区域的大小

11. 绘制线段：cv2.Line(img,pt1,pt2,color[,thickness[,lineType[,shift]]])

参　数	说　明
img	要绘制的图像
pt1	线段的一个端点
pt2	线段的另一个端点
color	线段的颜色
thickness	线段的线宽
lineType	线段的线型
shift	点坐标中小数位的移位数
返回值	无

12. 绘制矩形：cv2.rectangle(img,pt1,pt2,color[,thickness[,lineType[,shift]]])

参　数	说　明
img	要绘制的图像
pt1	矩形左上角的顶点
pt2	矩形右下角的顶点
color	矩形框的颜色
thickness	矩形框的线宽
lineType	矩形框的线型
shift	点坐标中小数位的移位数
返回值	无

13. 绘制圆形：cv2.circle(img,center,radius,color[,thickness[,lineType[,shift]]])

参　数	说　明
img	要绘制的图像
center	圆心的坐标
radius	圆的半径
color	圆的颜色
thickness	圆的线宽

续表

参　数	说　明
lineType	圆的线型
shift	点坐标中小数位的移位数
返回值	无

14. 计算最小矩形区域：cv2.minAreaRect(points)

参　数	说　明
points	点的集合
返回值	最小矩形区域

15. 计算矩形顶点坐标：cv2.boxPoints(rect)

参　数	说　明
rect	矩形区域
返回值	矩形顶点坐标

16. 计算圆形区域：cv2.minEnclosingCircle(points)

参　数	说　明
points	点的集合
返回值	返回值有两个： （1）最小圆形区域的圆心坐标 （2）最小圆形区域的半径

17. 显示近似轮廓：cv2.approxPolyDP(curve,epsilon,closed)

参　数	说　明
curve	轮廓信息
epsilon	本身的轮廓与近似轮廓之间的差值
closed	近似轮廓是否闭合
返回值	近似轮廓

18. 显示凸包：cv2.convexHull(point[,clockwise[,returnPoints]])

参　数	说　明
point	点的集合
clockwise	方向标志，设为True时输出的凸包是顺时针方向的，否则为逆时针方向

续表

参 数	说 明
returnPoints	默认值为True。它会返回凸包上点的坐标，设为False就会返回与凸包点对应的轮廓上的点
返回值	凸包

第5章

1. 加载分类器：cv2.CascadeClassifier(filename)

参 数	说 明
filename	训练好的文件
返回值	分类器对象

2. 定义一个VideoWriter类的对象来保存视频文件：cv2.VideoWriter([filename,fourcc,fps,framesize[,isColor]])

参 数	说 明
filename	要保存的视频文件的名称
fourcc	视频的编码规则，常用选项如下： · cv2.VideoWriter_fourcc('I','4','2','0')，未压缩的YUV颜色编码，4：2：0色度子采样。这种编码的兼容性好，但产生的文件较大，文件扩展名为.avi · cv2.VideoWriter_focurcc('P','I','M','1')，MPEG-1编码类型，文件扩展名为.avi · cv2.VideoWriter_fourcc('X','V','I','D')，MPEG-4编码类型，视频大小为平均值。MPEG-4所需的空间是MPEG-1的1/10，它对于运动物体可以保证良好的清晰度。文件扩展名为.avi · cv2.VideoWriter_fourcc('T','H','E','O')，OGGVorbis音频压缩格式，有损压缩，类似于MP3的音乐格式。兼容性差，文件扩展名为.ogv · cv2.VideoWriter_focurcc('F','L','V','1')，FLV流媒体格式，形成的文件极小，加载速度极快。文件扩展名为.flv
fps	帧速率
framesize	帧的大小
isColor	是否为彩色
返回值	VideoWriter类的对象

3. 将图像保存到视频文件中：VideoWriter类的对象.write(image)

参　数	说　明
image	要保存的图像
返回值	无

第6章

1.创建人工神经网络：cv2.ml.ANN_MLP_create()

参　数	说　明
返回值	神经网络对象

2. 设置神经网络：神经网络对象.setLayerSizes(layer_sizes)

参　数	说　明
layer_sizes	各层的大小
返回值	无

3. 设置学习模型：神经网络对象.setTrainMethod(method)

参　数	说　明
method	学习模型
返回值	无

4. 训练：神经网络对象.train(samples,layout,responses)

参　数	说　明
samples	训练样本
layout	训练样本是“行样本”ROW_SAMPLE，还是“列样本”COL_SAMPLE
responses	对应样本数据的分类结果
返回值	训练结果

5. 预测：神经网络对象.predict(samples,results,flags)

参　数	说　明
samples	预测数据
results	输出矩阵，默认不输出
flags	标识，默认为 0
返回值	预测结果

第7章

在图像中显示文本字符串：cv2.putText(img,text,org,fontFace,fontScale,color[,thickness[,lineType[,bottomLeftOrigin]]])

参　数	说　明
img	所绘制的图像
text	要显示的文本字符串
org	字符串左下角的坐标
fontFace	字体，可选字体包括 · cv2.FONT_HERSHEY_SIMPLEX，正常大小的无衬线字体 · cv2.FONT_HERSHEY_PLAIN，小号无衬线字体 · cv2.FONT_HERSHEY_DUPLEX，正常大小的无衬线字体（比cv2.FONT_HERSHEY_SIMPLEX稍复杂一些） · cv2.FONT_HERSHEY_COMPLEX，普通大小的衬线字体 · cv2.FONT_HERSHEY_TRIPLEX，普通大小的衬线字体（比cv2.FONT_HERSHEY_COMPLEX更复杂） · cv.FONT_HERSHEY_COMPLEX_SMALL，小号的FONT_HERSHEY_COMPLEX · cv2.FONT_HERSHEY_SCRIPT_SIMPLEX，手写风格字体 · cv2.FONT_HERSHEY_SCRIPT_COMPLEX，更复杂一些的cv2.FONT_HERSHEY_SCRIPT_SIMPLEX · cv2.FONT_ITALIC，斜体
fontScale	字体比例因子
color	文本的颜色
thickness	文本的粗细
lineType	字体线型
bottomLeftOrigin	如果为True，则图像数据原点位于左下角，否则位于左上角
返回值	无

第8章

参见第6章。